"十三五"国家重点出版物出版规划项目
增材制造技术丛书

特种聚合物聚醚醚酮的激光增材技术

Laser – Based Powder Bed Fusion Additive Manufacturing
Technology for High – Performance Polyetheretherketone

闫春泽　陈　鹏　苏　瑾　汪　艳
蔡昊松　王浩则　文世峰　史玉升　著

国防工业出版社
·北京·

内 容 简 介

本书以华中科技大学快速制造中心近年来的研究成果为基础，系统地介绍了高温激光增材制造聚醚醚酮材料的制备方法、成形工艺及其应用。第 1 章概述了国内外聚醚醚酮激光增材制造技术的研究进展；第 2~4 章介绍了高温激光选区烧结装备、聚醚醚酮粉末的制备方法、成形工艺与性能；第 5 章从结晶动力学角度分析了聚醚醚酮的成形机理；第 6 章介绍了激光增材制造聚醚醚酮材料的生物应用。本书包含了激光选区烧结装备、材料、工艺等多方面内容，反映了近年来国内外最新的研究成果，既有机理分析，又有应用案例。因此，本书可供各个工程领域人员阅读，也可作为在校师生的参考用书。

图书在版编目(CIP)数据

特种聚合物聚醚醚酮的激光增材技术/闫春泽等著．—北京：国防工业出版社，2021.11
（增材制造技术丛书）
"十三五"国家重点出版项目
ISBN 978 – 7 – 118 – 12435 – 4

Ⅰ.①特… Ⅱ.①闫… Ⅲ.①聚合物-激光材料
Ⅳ.①TN244

中国版本图书馆 CIP 数据核字(2021)第 215998 号

※

国防工业出版社 出版发行
（北京市海淀区紫竹院南路 23 号　邮政编码 100048）
雅迪云印（天津）科技有限公司印刷
新华书店经售

*

开本 710×1000　1/16　印张 9¼　字数 199 千字
2021 年 11 月第 1 版第 1 次印刷　印数 1—3000 册　定价 75.00 元

(本书如有印装错误，我社负责调换)

国防书店：(010)88540777　　　书店传真：(010)88540776
发行业务：(010)88540717　　　发行传真：(010)88540762

丛书编审委员会

主任委员

卢秉恒　李涤尘　许西安

副主任委员（按照姓氏笔画顺序）

史亦韦　巩水利　朱锟鹏
杜宇雷　李　祥　杨永强
林　峰　董世运　魏青松

委　员（按照姓氏笔画顺序）

王　迪　田小永　邢剑飞
朱伟军　闫世兴　闫春泽
严春阳　连　芩　宋长辉
郝敬宾　贺健康　鲁中良

总 序
Foreward

　　增材制造（additive manufacturing，AM）技术，又称为3D打印技术，是采用材料逐层累加的方法，直接将数字化模型制造为实体零件的一种新型制造技术。当前，随着新科技革命的兴起，世界各国都将增材制造作为未来产业发展的新动力进行培育，增材制造技术将引领制造技术的创新发展，加快转变经济发展方式，为产业升级提质增效。

　　推动增材制造技术进步，在各领域广泛应用，带动制造业发展，是我国实现强国梦的必由之路。当前，推动制造业高质量发展，实现传统制造业转型升级等，成为我国制造业发展的重中之重。在政府支持下，我国增材制造技术得到了迅速的发展，增材制造技术与世界先进水平基本同步，高性能复杂大型金属承力构件增材制造等部分技术领域已达到国际先进水平，已成功研制出光固化成形、激光选区烧结成形、激光选区熔化成形、激光净成形、熔融沉积成形、电子束选区熔化成形等工艺装备。增材制造技术及产品已经在航空航天、汽车、生物医疗等领域得到初步应用。随着我国增材制造技术蓬勃发展，增材制造技术在各领域方向的研究取得了重大突破。

　　增材制造技术发展日新月异，方兴未艾。为此，我国科技工作者应该注重原创工作，在运用增材制造技术促进产品创新设计、开发和应用方面做出更多的努力。

　　在此时代背景下，我们深刻感受到组织出版一套具有鲜明时代特色的增材制造领域学术著作的必要性。因此，我们邀请了领域内有突出成就的专家学者和科研团队共同打造了这套能够系统反映当前我国增材制造技术发展水平和应用水平的科技丛书。

"增材制造技术丛书"从工艺、材料、装备、应用等方面进行阐述，系统梳理行业技术发展脉络。丛书对增材制造理论、技术的创新发展和推动这些技术的转化应用具有重要意义，同时也将提升我国增材制造理论与技术的学术研究水平，引领增材制造技术应用的新方向。相信丛书的出版，将为我国增材制造技术的科学研究和工程应用提供有价值的参考。

卢秉恒，中国工程院院士，西安交通大学教授。

前言
Preface

高性能特种聚合物聚醚醚酮（polyetheretherketone，PEEK）在很宽的温度范围和极端的条件下拥有卓越的综合性能，在特定领域可替代金属、陶瓷等材料实现轻量化，是世界上公认的性能最佳的热塑性材料之一。在航空航天、船舶以及医疗等国家战略领域，高性能 PEEK 零件逐渐呈现功能化、整体化、轻量化的发展趋势，其通常具有不规则曲面以及复杂内部结构，成形难度逐渐较大。

增材制造（包括 3D、4D 打印等）是集机械、计算机、数控和材料等多学科于一体的数字化制造技术，在复杂聚合物零件的成形上具有显著优势。激光选区烧结属于激光粉末床熔融增材制造技术，其基于离散、堆积成形的思想，采用激光有选择地扫描烧结粉末材料，分层制造形成三维实体零件。相比传统成形技术，该技术最大的特点是可整体成形复杂结构零件而不需要任何工装模具，因此广泛应用于成形航空航天、生物医疗等领域高性能复杂零件。华中科技大学从 1991 年开始进行增材制造技术的理论与应用研究工作，是我国最早开展此项技术研发的单位之一，已成功研发系列粉末床熔融增材制造工艺装备与配套材料，并实现产业化，这些成果在国内外得到广泛应用并获国家科技进步二等奖 2 项、国家科技发明二等奖 1 项，省部级一等奖 10 余项，被两院院士们评为中国十大科技进展。

本书共分 6 章，主要针对 PEEK 增材制造技术的研究进展、PEEK 粉末材料的制备、激光粉末床熔融成形机理与工艺以及生物应用等进行系统的论述。本书反映了华中科技大学快速制造中心团队的多项成果，这些成果是由团队多年的坚持研究取得的。首先，衷心地感谢团队创始人黄树槐教授、史玉升教授的指导以及为后来者建立的良好研究平台。本书撰写过程中，参考了本团队部分研究生的论文和成果，在此向他们表示感谢。

由于本书是首次以 PEEK 粉末材料及其激光粉末床熔融增材制造技术作为主线撰写的学术专著，相关研究工作还在继续，认识还在不断深化，一些问题的理解还不够深入，加之作者的学术水平和知识面有限，因此书中存在缺陷在所难免，殷切地期望同行专家和读者的批评指正。

闫春泽

2021 年 03 月于武汉

目 录
Contents

第 1 章 绪论

1.1 技术背景 …………………………………………… 001
1.2 高温激光选区烧结技术的研究进展 ……… 003
1.3 国内外高性能聚合物高温激光选区烧结技术对比分析 ……………………………… 010

第 2 章 高温激光选区烧结装备

2.1 独立控温的高温激光选区烧结装备框架结构 ……………………………… 013
2.2 激光扫描系统及其热力防护 ……………… 017
2.3 高性能聚合物高温激光选区烧结成形方法 …………………………………………… 023

第 3 章 高温激光选区烧结聚醚醚酮粉末的制备方法

3.1 实验材料、装备与测试方法 ……………… 027
3.1.1 实验材料与高温激光选区烧结装备 … 027
3.1.2 表征与测试 ………………………… 027
3.2 聚醚醚酮粉末初始性能 …………………… 030
3.2.1 微观形貌、粒径及分布 …………… 030
3.2.2 烧结窗口与稳定烧结区间 ………… 031
3.3 异相球化制备方法 ………………………… 033
3.4 高温预铺红外辐射制备方法 ……………… 036
3.4.1 PEEK 012 PF 粉末的制备方法 …… 036
3.4.2 PEEK 450 PF 粉末的制备方法 …… 039
3.5 流动性与可烧结性 ………………………… 047

第 4 章 聚醚醚酮的高温激光选区烧结工艺与性能

4.1 聚醚醚酮的高温激光选区烧结成形工艺 … 051
    4.1.1 预热过程 … 052
    4.1.2 成形过程 … 056
    4.1.3 降温过程 … 061
4.2 激光能量输入对聚醚醚酮力学性能的影响 … 062
4.3 不同能量熔融比下聚醚醚酮材料微观结构的变化 … 073

第 5 章 聚醚醚酮在高温激光选区烧结中的结晶动力学

5.1 结晶动力学模型与实验设计 … 084
5.2 高温激光选区烧结涉及的周期性过程与结晶特点 … 088
5.3 准静态等温结晶动力学 … 091
5.4 动态非等温结晶动力学 … 095
5.5 不同动力学结晶条件下的晶体结构和力学分析 … 102

第 6 章 聚醚醚酮/钽/铌梯度点阵支架的生物力学与骨整合性能

6.1 聚醚醚酮/钽/铌复合粉末材料 … 111
6.2 聚醚醚酮/钽/铌制件的拉伸性能与微观结构 … 114
6.3 梯度点阵支架的压缩力学性能 … 119
6.4 聚醚醚酮/钽/铌复合材料的生物相容性 … 127
6.5 聚醚醚酮/钽/铌生物支架的骨整合性能 … 128

参考文献 … 133

第 1 章
绪 论

1.1 技术背景

特种工程塑料聚芳醚酮(polyaryletherketone,PAEK)是一类主链结构中含有芳醚和芳酮官能团的半结晶性聚合物,其中以聚醚醚酮(polyetheretherketone,PEEK)应用最为广泛,其晶体结构属于正交晶系(图 1-1),熔点高达 340℃,在 200℃高温下仍可以长时间保持较高的机械能[1],同时具有优异的化学稳定性、高温热稳定性及生物相容性,因此广泛应用于航空航天、汽车工业及生物医疗等领域[2]。

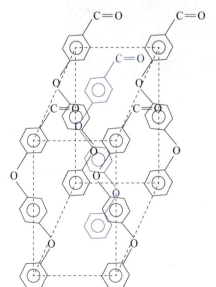

图 1-1
PEEK 晶格结构单元[1]

在航空航天、船舶及医疗等国家战略领域，高性能 PAEK 聚合物零件已经得到应用，如图 1-2 所示的个性化头盖骨、脊柱植入物、航空用支架及环境控制系统管道等零部件。这类零部件已逐渐呈现整体化（避免分块制造带来的系列问题）、轻量化（制件内部的蜂窝结构）的发展趋势，并具有形状非对称、不规则曲面及复杂内部结构等特性，其成形难度逐渐增大，传统制造方法难以实现此类复杂零件的有效成形。

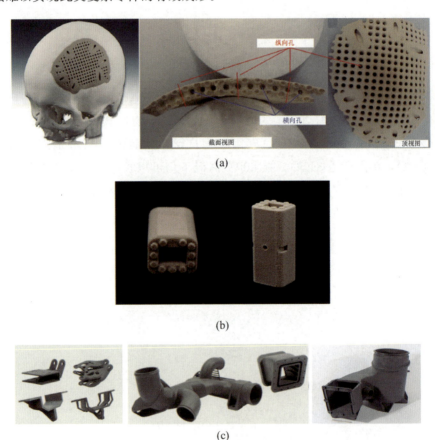

图 1-2　复杂结构高性能聚合物零部件示意图[3]

(a) 个性化头盖骨植入物材质，医用级 PEEK OPTIMA® T1；
(b) OsteoFab 脊柱植入物材质，OPM 公司 OX PEKK 材料；
(c) 航空用优化支架、环境控制系统管道材质，碳纤维增强 Hex PEKK 复合材料。

增材制造（additive manufacturing，AM）即 3D 打印技术，基于离散-堆积思想，可将三维零件模型转换为二维切片数据，通过分层制造的方式直接制造出三维实体零件,是成形复杂零部件的重要技术手段。激光选区烧结(selective laser sintering,SLS)作为目前广泛应用的 AM 技术之一,以固体粉末为原料,采用分层制造的原理直接从 CAD 模型成形出三维实体,无须支撑,在一次整体成形的复杂结构零部件方面具有显著优势。然而,目前 SLS 成形的材料体系主要以低熔点聚合物 PA12 及其复合材料为主,占 SLS 商品化材料的 90%以上,高性能聚合物材料的研发、高温装备的研制与成形研究瓶颈是限制其发展的重要因素。

目前,国外仅有德国 EOS 公司推出了适用于高温激光选区烧结(high temperature-selective laser sintering,HT-SLS)的装备,可满足航空航天领域中对高性能聚醚醚酮复杂零部件的应用需求[4-5]。与国外系列产品相比,国内尚无 HT-SLS 装备,尤其对于特种聚合物的 HT-SLS 技术的研发和应用(如 PEEK 粉末材料方面)还处于空白地带,成为限制我国增材制造技术发展的重要因素。

1.2 高温激光选区烧结技术的研究进展

聚合物及其复合材料是最早应用于 SLS 技术的材料,也是应用最成功、最广泛的材料,在增材制造材料中占有非常重要的地位。根据增材制造技术权威期刊 Wohlers Report 统计,结晶性聚合物聚酰胺(polyamide,PA)目前仍然是激光选区烧结增材制造技术中使用最多的一类材料,其中又以长链聚酰胺 PA12(尼龙 12)和 PA11(尼龙 11)为主。然而,越来越多的复杂结构工业零部件要求能承受更高的机械负载及热稳定性,单一的 PA12 材料已经不能满足这些高性能的要求,这就导致了 SLS 技术在诸多工业领域的应用受到限制。在这一背景下,HT-SLS 技术应运而生,其主要针对熔点更高的高性能聚合物的增材制造成形。下面就高性能 PEAK 材料的 HT-SLS 研究现状展开论述,并进行国内外对比分析。

由于 PEEK 材料具有较高的熔点,为防止成形过程中零件翘曲变形,要求 HT-SLS 成形过程中预热温度设置在 330℃左右,这对装备提出了很高的要求。2010 年,全球著名 SLS 材料和装备供应商德国 EOS 公司宣布推出首款商业高温激光选区烧结装备 EOSINT P800,它能够成形 200℃以上的聚合物材料，加工温度最高可达385℃[4]。同时，EOS公司发布了首款HT‐SLS优化级"EOS PEEK HP3"高温特种聚合物粉末材料（实际为聚醚酮（PEK）粉末材料），应用于EOSINT P800装备。近期，在国内装备研发方面，西安交通大学对PEEK/CF的HT‐SLS成形进行了报道，但其装备细节并未给出。湖南华曙高科技有限责任公司研发的超高温版ST252P型号装备最高预热温度为280℃，可烧结PA6、PA66聚合物材料，对于成形PEEK材料的HT‐SLS装备并未报道。

早在2003年，新加坡南洋理工大学的C. K. Chua教授就使用美国3D Systems公司的Sinterstation 2500设备在不超过200℃温度下成形了聚醚醚酮/羟基磷灰石（PEEK/HA）复合材料，并分析了其成形生物组织工程支架的可行性[6]。然而，C. K. Chua教授仅进行了微观表征，重点侧重于生物性能方面，并未给出实际制件与力学性能数据。随后，多位学者通过改造传统SLS装备（EOSINT P380）进行了PEEK成形的尝试，在装备内部配备了能够升温至350℃的圆顶构造。D. Pohle利用此装备制备了聚醚醚酮/磷酸三钙（β‐TCP）增强复合材料，炭黑作为流动剂，其研究重点主要在于骨整合、生物相容性及生物活性等方面[7]。与前两者不同，C. V. Wilmowsky则利用PEEK材料（PEEK 450PF、PEEK 150PF、PEEK 150XF）成形了单层烧结样品，并指出：合适的粉末床加热温度相对于单一加热圆顶构造应能获得更高的力学性能[8-9]。随后，2007年，德国M. Schmidt等进行了PEEK材料的HT‐SLS成形，装备预热温度可达343~357℃，并确定了最佳工艺成形范围，成形件的相对密度接近100%（图1‐3），但其并未给出实际制件的性能和装备细节[10]。

由于装备的限制，早期对PEEK材料的HT‐SLS成形制件及其力学性能一直鲜有报道。从2010年德国EOS公司宣布推出全球首款商业化HT‐SLS装备EOSINT P800以来，PEEK材料的HT‐SLS成形研究逐渐得到发展。2014年，英国埃克斯特大学O. Ghita教授使用EOSINT P800装备成形了聚醚酮（PEK）材料，并分析了成形件力学性能、收缩性及材料的重复利用性[11-12]。结果表明：Z方向收缩率最大，Z方向拉伸强度仅为模塑件的50%左右，X、Y方向拉伸强度可达到模塑件的90%，30%旧粉的加入会导致成形件的拉伸强度降低17%。之后，O. Ghita教授的博士研究生S. Berretta对比分析了PEEK材料和传统PA12粉末材料的HT‐SLS可加工性，探索了

PEEK 材料的 HT-SLS 加工工艺[13-15]。系统的实验结果表明,颗粒形貌对粉末流动性影响显著,进而影响粉末的实际烧结效果,其铺粉情况如图 1-4 所示。PEEK 的稳定烧结温度区间(stable sintering region)宽度为 250℃,整体烧结性能良好,拉伸强度最高可达 63MPa,比 PEK 制件低 20MPa(图 1-5)。但从成形台面的粉末颜色观察,老化较为严重,这可能是由于装备台面较大,腔内氧含量难以控制。

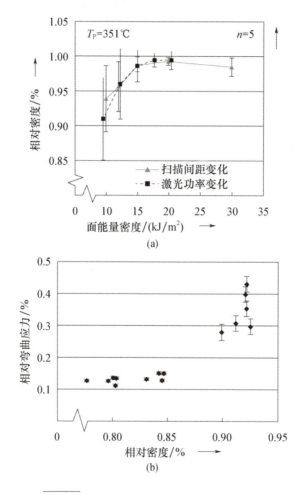

图 1-3 PEEK 激光烧结样件的相对密度与弯曲应力偏差示意图[10]

(a)相对密度与面能量密度的关系;(b)相对密度与弯曲应力的关系。

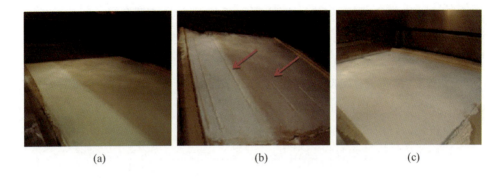

图 1-4　EOSINT P800 装备中各种粉末的铺粉情况

(a)PEK HP3 粉末；(b)PEEK 450PF 粉末；(c)改善后的 PEEK 450PF 粉末。

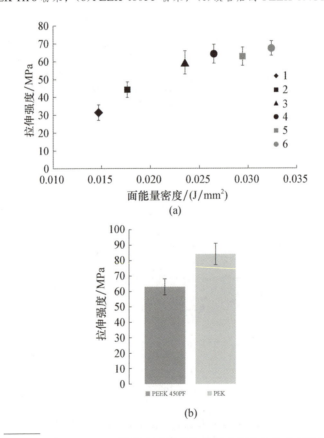

图 1-5　PEEK 450PF 材料 SLS 制件拉伸强度随激光能量密度的变化及其与 PEK HP3 材料拉伸性能的对比

(a)PEEK 450PF 材料 SLS 制件拉伸强度随激光能量密度的变化；

(b)与 PEK HP3 材料拉伸性能的对比。

在 PEEK 复合材料研究方面,英国埃克斯特大学 O. Ghita 教授课题组也做了相应工作[16],研究了石墨片增强聚醚醚酮(PEEK/GP)、碳纤维增强 PAEK、玻璃微珠增强聚醚酮(PEK/GB)等复合材料的粉末特性及微观结构。此外,加拿大麦吉尔大学 M. Roskies 通过 HT－SLS 装备成形了定制化多孔 PEEK 支架,其可以维持脂肪和骨髓衍生的间充质干细胞的存活,并可诱导脂肪衍生的间充质干细胞的骨分化[17]。

相比于国外,国内在 PEEK 材料的 HT－SLS 成形研究方面处于落后阶段。2016 年,中南大学、西北工业大学及湖南华曙高科技有限责任公司等单位共同研究了聚醚醚酮/聚乙醇酸(PEEK/PGA)复合材料组织工程支架的 HT－SLS 成形(图 1－6)。结果表明,羟基磷灰石(HA)的引入不仅可以提高生物活性,还有利于细胞黏附及繁殖。这项工作为今后 PEEK 材料成形生物组织工程支架结构奠定了较好的基础,但其并未给出实际制件的性能与装备细节。此外,西安交通大学对聚醚醚酮/碳纤维(PEEK/CF)复合材料的 HT－SLS 成形进行了报道,其主要基于 PEEK/CF 的高温流变性质对其烧结动力学进行研究,结合模拟得到的温度场分布和流变的温度依赖性重新定义了烧结熔融区域(图 1－7),基于此制备了高性能 PEEK/CF 复合材料,其不同碳纤维含量制件的机械强度如图 1－8 所示。这是已知的国内 PEEK 复合材料 HT－SLS 成形首个研究成果,但其装备细节并未给出,成形工艺仍需进一步优化。

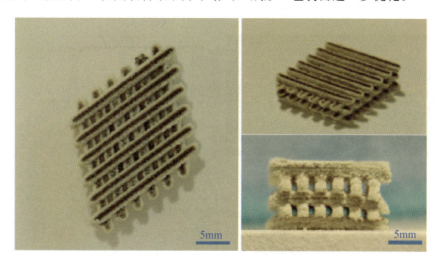

图 1－6　PEEK/PGA－HA 组织工程支架

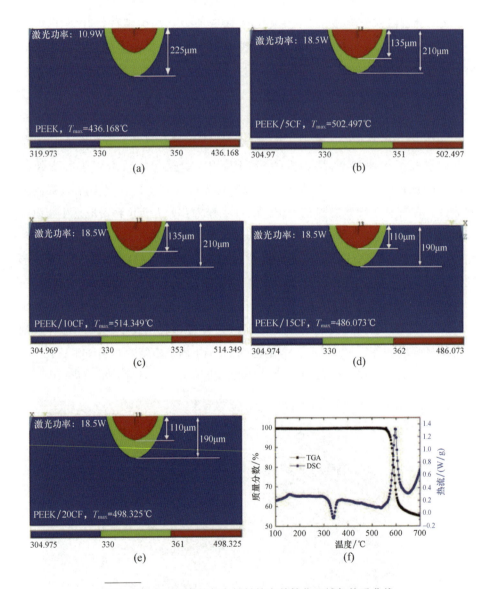

图1-7 PEEK及其复合材料的有效熔化区域与热重曲线

(a)PEEK；(b)5%CF/PEEK；(c)10%CF/PEEK；(d)15%CF/PEEK；(e)20%CF/PEEK 的有效熔化区域；(f)PEEK 的热重曲线。

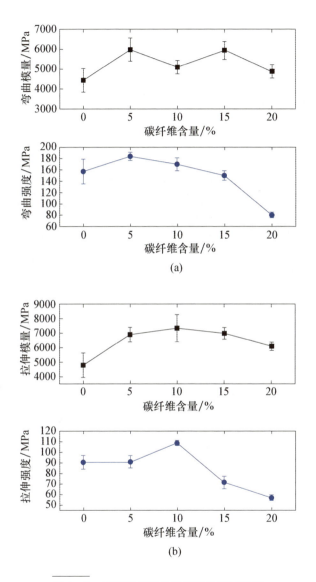

图 1-8　不同碳纤维含量制件的机械强度

(a)碳纤维含量与弯曲关系；(b)碳纤维含量与拉伸性能关系。

（参数：激光功率为 18.5 W，层厚为 0.1mm）

1.3 国内外高性能聚合物高温激光选区烧结技术对比分析

(1)装备方面。国外仅有德国 EOS 公司推出的能够成形特种聚合物 PEEK 材料的 HT-SLS 装备 EOSZNT P800,其最高预热可达 385℃[4]。国内湖南华曙高科技有限责任公司推出超高温 HT-SLS 装备 ST252P,但其最高预热温度仅为 280℃,仍无法对熔点更高的 PEEK 材料进行 HT-SLS 成形[18]。两种 HT-SLS 装备的技术指标对比如表 1-1 所示。

表 1-1 两种 HT-SLS 装备的技术指标对比

型号	EOSZNT P800	ST252P
激光器	CO_2 激光器,2 个 × 50W	CO_2 激光器,100W
扫描系统	f-Q 振镜, 最大扫描速度为 2 个 × 6m/s	高精度扫描振镜, 最大扫描速度为 10m/s
铺粉层厚	0.12mm	—
成形精度	—	—
预热温度	385℃	280℃
成形材料	PEEK、PEK 及其复合粉材	PA6、PA66 及其复合粉材
控制软件	EOS RP Tools	BuildStar®、MakeStar®
软件功能	直接读取 STL 文件或 其他可转换格式文件	开源参数调节,可实时修 改建造参数,三维可视化, 诊断功能

(2)材料与成形研究方面。经过多年的发展,国外已形成系列激光烧结用 PA 及其复合粉末材料产品线,性能优异,可满足不同领域的需求。典型代表是德国 EOS 公司推出的 PA2200、CarbonMide,美国 3D Systems 公司推出的系列 PA 复合粉末材料 DuraForm® ProX® EX NAT、DuraForm® HST 等。国内湖南华曙高科技有限责任公司也推出了系列 PA 复合粉末材料。然而,对于特种 PEAK 粉末材料,仅有德国 EOS 公司推出的 HT-SLS 优化级 PEEK HP3 粉末(实际为聚醚酮),美国牛津 OPM 公司推出的聚醚酮酮(PEKK)粉末、英国 Victrex 公司推出的系列 PEEK 粉末材料(其并非为激光烧结工艺定制)。表 1-2 将国内外高性能激光烧结粉末材料的制件力学性能做了对比。

表 1-2 国内外高性能激光烧结粉末材料的制件力学性能对比

区域	生产商或研究学者	产品牌号或材料类型	拉伸强度/MPa	断裂伸长率/%
国外	德国 EOS 公司[4]	CarbonMide（PA12/CF）	72	6.3
		PA 2200 Top Quality	52	20
		PEK HP3	90	2.8
	美国牛津 OPM 公司（Hexcel 公司）[19]	HexPEKK 100	109.6	2.3
	美国 3D Systems 公司[5]	DuraForm® ProX® EX NAT(PA11)	51	61
		DuraForm HST	48～51	4.5
	Oana Ghita	PEEK 450PF	63	—
		PEK HP3	87.6	<4
		PEK/GB	89.5	<10
	Wahab[20]	尼龙 6(PA6)	50	—
	Salmoria	PA6	62.4	10.9
国内	湖南华曙高科技有限责任公司[21]	FS3300PA	46	36
		FS3400GF	44	5
		Ultrasint X043（PA6）	74	4
	王翔（中国科学院大学）	PA6	<20	—
	田小永（西安交通大学）	PEEK/CF	109	—
	王联凤（上海航天设备制造总厂）	PA6	42.7	26.7
	张坚（南昌航空大学）	PA6/Gu	43.28	—

经过国内外 HT‑SLS 技术研究现状对比分析可知，国内装备研发处于落后状态，尚无可成形 PEEK 材料的 HT‑SLS 装备。对于 HT‑SLS 高性能聚合物粉末材料的制备与成形研究相对较少，仍然面临诸多问题需要解决。因此，对于我国来说，HT‑SLS 技术的研究显得尤为迫切，其对我国增材制造技术的整体发展及应用具有重要意义。

第 2 章
高温激光选区烧结装备

聚醚醚酮由于熔点极高，要求预热温度接近起始熔点，因此对 HT-SLS 增材制造装备与工艺提出了非常高的要求，导致目前国内 SLS 技术尚无法实现特种聚合物材料的成形，零件翘曲严重且加工效率低。具体而言，其技术难点主要集中在以下两点：

(1) 现有 SLS 装备送粉系统与成形系统在同一空间内，而预热只需对成形台面进行预热并保证其温度场均匀性，使送粉温度较成形温度低。送粉时凉粉送至热的烧结熔体上，导致烧结熔体表面散热较底部快，从而产生 Z 方向温度梯度，造成翘曲变形，产生精度偏差。严重时，甚至粉末被铺粉辊带走造成成形失败，对于高温烧结而言这一问题更加严重。

(2) 送至成形腔的粉末需加热至可烧结温度时（进入烧结窗口范围内）才进行烧结。因此，凉粉送至成形台面后存在时间延迟，这种延迟会增大零件翘曲的可能性。另外，实际成形零件之前，为减小精度偏差，达到预热温度后还需要多层预铺粉，使送粉温度与成形温度的温差尽量降低，减小翘曲，这大幅降低加工效率。

针对现有技术成形高性能 PEEK 材料的难点与改进需求，本章创新地设计了具有独立控温功能的 HT-SLS 装备框架结构，针对性地增设了包含多个功能模块的层叠式热力防护及冷却系统，并提出了相应的高性能聚合物材料的 HT-SLS 成形方法。

2.1 独立控温的高温激光选区烧结装备框架结构

传统 SLS 装备的送粉腔与成形腔在同一腔室内，为保证成形腔温度的均匀性，通常在送粉腔与成形腔之间添加金属隔板以实现缓慢的散热。这样设计的好处在于保障了成形腔温度的均匀性，避免制件成形翘曲，精度得到保证。但是，这种机械结构无法对送粉温度进行控制。在 PA6 的 HT-SLS 成形时，可以发现在接近 200℃ 的粉末床高温下，成形效率已缓慢降低，且翘曲现象逐渐显现。这是因为粉末床温度必须回升到加工温度（T_b）196℃（由于激光扫描过程中粉末床仍继续升温，实际程序激光触发温度为（$T_b-3℃$））时，激光才开始扫描。而实际的送粉缸粉末并未得到加热，只能通过成形腔的余热升温。这时粉末被铺送至成形腔时，其温度相较 T_b 低很多，需要红外灯管长时间的加热才可使粉末床温度 T_b 回升至 196℃，激光开始扫描，一方面加剧了冷铺粉（cold powder coating，CPC）的促结晶作用，易发生轻微的翘曲现象；另一方面使成形效率出现一定程度的降低。对于熔点更高的 PEEK 材料而言，其粉末床预热温度更高，成形腔温度必须设置在接近其起始熔点附近，这就对送粉温度提出了更高的要求。

针对以上技术缺陷，本章设计了独立控温的高温激光选区烧结框架结构，通过对具备独立空间的送粉系统和成形系统分别进行重新设计，可有效实现对送粉与成形两个关键操作的独立预热与控温，显著降低两者之间的温度梯度，可顺利解决高性能聚合物材料在 HT-SLS 成形时的翘曲问题，并可降低激光烧结延迟时间，从而得到较高的加工效率，适用于高性能聚合物材料的高温激光烧结成形。

独立控温必须设置独立的腔室，这就存在如何将送粉腔的粉末输送至成形腔的问题，同时需要保证两个腔室之间的隔热。为解决这一问题，对两个腔室设置了高度差。送粉腔在高处，成形腔在低处，两个腔室之间设置一个狭窄的落粉槽来实现粉末的输送。这种高度差设计不仅可实现两个腔室之间粉末的输送，还有效地防止了成形腔内热量向送粉腔内扩散，同时为成形腔上方的激光扫描系统及其热力防护系统提供了更好的设计空间。

图 2-1 所示为自主研发的高温激光选区烧结装备实物图，其型号为 HK PK125。具体性能指标如表 2-1 所示。图 2-2 所示为按照独立控温思想设计的 HT-SLS 装备的整体框架结构示意图。该框架结构主要包括光学系统、成形腔体、送粉腔体、绝热层、光学防护结构 5 个工作模块。

第 2 章 高温激光选区烧结装备

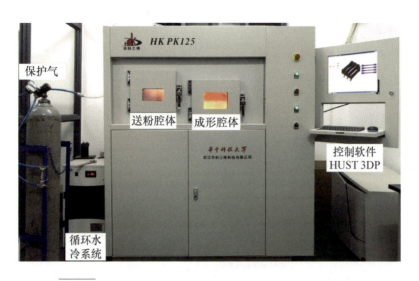

图 2-1 高温激光选区烧结装备实物图(型号为 HK PK125)

表 2-1 高温激光选区烧结装备性能指标

型号	HK PK125
激光器	CO_2 激光器,55W
扫描系统	高精度三维动态聚焦振镜,最大扫描速度为 6m/s
铺粉层厚	0.1mm(0.08～0.3)
成形精度	200mm±0.2mm(0.1%)
成形缸尺寸	125mm×125mm×400mm
预热温度	≤400℃
成形材料	高性能聚合物及其复合粉材
控制软件	HUST 3DP
软件功能	直接读取 STL 文件,在线式切片功能,成形过程中随时改变成形参数,三维可视化

振镜式激光扫描系统整体布置在成形腔体的上部,包括提供工作光源的激光器及其配套的透镜模块,并通过激光透视窗口将工作光源照射至成形台面上的粉末以进行选择性激光烧结。

送粉腔体布置在成形腔体的左上侧,包括送粉缸、第二红外辐射加热装置、刮板、送粉台面和落粉槽,其中刮板在工作时沿水平横向方向即 X 轴方向运动,将处于送粉台面上的适量粉末送至与成形腔体相连通的落粉槽处,然后下落至成形腔体的接送粉装置中；此外，送粉腔体内部设置有第二红外辐射加热装置（双区加热），其作为主要温度控制单元与起到辅助加热功能的送粉缸缸体加热一同配合工作，对处于送粉台面上的粉末执行独立控温的预热操作。

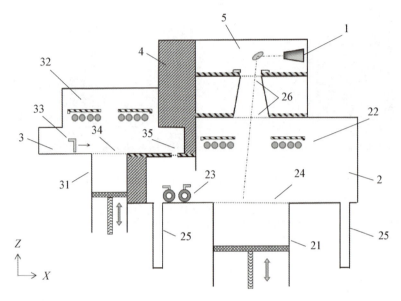

1—振镜式激光扫描系统；2—成形腔体；3—送粉腔体；4—绝热组合板；
5—光学热力防护及冷却系统；21—成形缸；22—第一红外辐射加热装置；
23—接送粉装置；24—成形台面；25—漏粉缸；26—激光透视窗口（保护镜）；
31—送粉缸；32—第二红外辐射加热装置；33—刮板；34—送粉台面；35—落粉槽。

图 2-2　具有独立控温功能的 HT-SLS 装备整体框架结构示意图

成形腔体除了包括成形台面和接送粉装置，还包括成形缸、第一红外辐射加热装置和漏粉缸。其中，接送粉装置用于将来自送粉腔体的粉末平铺至成形台面，其由对称铺粉刮板构成，平移速度、平移距离可由 HUST 3DP 软件参数实时调节；第一红外辐射加热装置（四区加热）作为主要温度控制单元与起到辅助加热功能的成形缸缸体加热一同配合工作，对处于成形台面上的粉末执行独立控温的加热操作；第一红外辐射加热装置由相对于成形台面分布在 4 个区域的红外辐射加热管组成，并且每个红外辐射加热管均可独立控温，由此进一步提高整个成形台面的温度均匀性；漏粉缸用于接收铺粉时多余的粉末，进行回收再利用。

绝热组合板布置于振镜式激光扫描系统、送粉腔体和成形腔体之间，并实现彼此间有效的隔热。该绝热组合板由用于对 Y-Z 轴平面方向进行隔热的第一组合板和用于对 X-Y 轴平面方向进行隔热的第二组合板组合而成；两块组合板沿厚度方向均包含多层间隔的石墨板和绝热材料层以形成多夹层结构；其沿着 X-Y 轴平面布置时，石墨板与腔体台面保持平行，而其沿 Y-Z 轴平面布置时，石墨板与腔体台面保持垂直。

光学热力防护及冷却系统整体布置于成形腔体上部，并且沿着高度方向，依次层叠由下至上划分为第一防护层、第二防护层和第三防护层。其中，第一防护层和第三防护层为空冷层，第二防护层为水冷层。

总体而言，这种独立控温设计的高温激光选区烧结框架结构的优点主要有以下 4 个方面。

（1）独立控温有利于对送粉腔体和成形腔体的温度场的均匀性进行独立控制，在送粉前送粉腔体台面的粉末就可达到可烧结温度（进入烧结窗口），降低实际烧结延迟时间，提高实际烧结效率。

（2）独立控温的框架结构能够同时保证送粉台面温度场的均匀性及成形台面加工温度场的均匀性，不存在凉粉送至烧结熔体上的情况，降低制件翘曲的可能性。

（3）独立控温的框架结构有利于对送粉腔体和成形腔体的预热装置、热力防护装置及其他运动装置进行独立设计，两部分的温度互不干扰，可稳定有效地进行高温激光烧结。

（4）成形腔体与送粉腔体的高度差为激光扫描系统及其热力防护系统提供了更好的设计空间，利于有针对性地构建整套光学热力防护及冷却系统，因此可对整个光学模块形成有效的降温和热力防护效果。

2.2 激光扫描系统及其热力防护

高性能特种聚合物材料一般具有较高的熔点（如聚醚醚酮材料，其熔点为 330～340℃），为防止成形过程中零件翘曲变形，要求 HT-SLS 成形过程中预热温度设置在激光烧结窗口（起始结晶温度至起始熔融温度）范围内，这么高的预热温度对 HT-SLS 增材制造装备提出了非常高的要求。由于成形腔体内温度在330℃左右，设备的各个器件极易老化受损甚至失效，且存在传热、密封困难等多种问题，因此整个设备的众多器件均需要较好的热力防护。其中，最重要的当属光学系统，其价格昂贵，占整个装备价格的70%以上。光学系统安装在成形腔体上方，与成形腔体距离十分接近，因此如何做好整个光学系统的热力防护是装备研制亟待解决的重要技术问题。

高温激光选区烧结装备采用振镜式激光扫描系统，如图2-3所示。其具体结构包括水平面板、水冷基板、温度传感器、激光光学模块、激光器、扩束镜、平面反射镜、动态聚焦系统、物镜组、扫描振镜、成形台面，如图2-4所示。激光扫描系统整体布置在成形腔体的上部，并通过激光透视窗口将工作光源照射至成形台面的粉末上以进行选择性激光烧结。聚焦系统可分为静态聚焦系统和动态聚焦系统，根据实际中聚焦扫描视场的大小、工作面聚焦光斑的大小及工作距离选择不同的聚焦透镜系统，本装备台面尺寸为125mm×125mm×400mm，选择基于f-θ透镜聚焦方式的二维静态聚焦系统。

图2-3 振镜式激光扫描系统实物图

为保证高温激光选区烧结过程安全稳定进行，装备针对性地增设了包含多个功能模块的层叠式光学热力防护及冷却系统。图2-5所示为光学热力防护及冷却系统的结构布置示意图。该系统整体布置于激光选区烧结设备成形腔体的上部，沿着高度方向由下至上划分为第一防护层、第二防护层和第三防护层，这些防护层共同配合能有效地起到热力防护和降温功能。下面将对这些主要功能组件逐一进行解释说明，图中水平横向方向定义为 X 轴方向，水平纵向方向定义为 Y 轴方向，高度方向定义为 Z 轴方向。

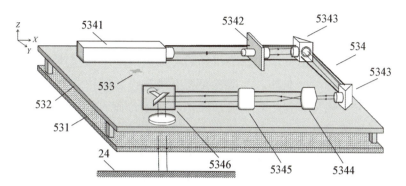

531—水平面板；532—水冷基板；533—温度传感器；534—激光光学模块；
5341—激光器；5342—扩束镜；5343—平面反射镜；5344—动态聚焦系统；
5345—物镜组；5346—扫描振镜；24—成形台面。

图 2-4 振镜式激光扫描系统结构示意图

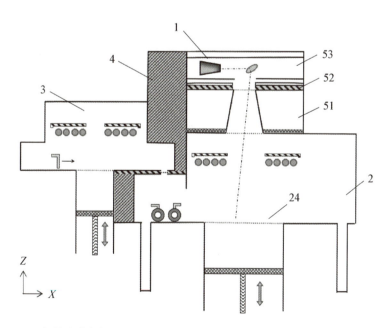

1—振镜式激光扫描系统；2—成形腔体；24—成形台面；3—送粉腔体；
4—绝热组合板；51—第一防护层；52—第二防护层；53—第三防护层。

图 2-5 光学热力防护及冷却系统的结构布置示意图

对于第一防护层而言,它以风冷结构层的形式架空设计在成形腔体上部,并包括位于左右两侧的冷气进口和冷气出口、位于上下两侧的上透视窗和下透视窗,以及在中部区域封闭包围形成的空腔,如图2-5和图2-6所示。其中,冷气经由冷气进口进入后由进气栅格的多层扰流板分隔成为多层层流冷气,然后通入空腔以执行多层换热与隔热。换热后的层流气体继续通过排气栅格由冷气出口排出。此外,上透视窗和下透视窗共同构成一个激光透视路径,用于激光光束贯穿到达位于成形腔体的成形台面。第一防护层距离成形腔体最近,其本身具有隔绝成形腔与上方光学系统热量传递的作用,除此之外,其与成形腔体的隔热优选采用石墨板(图2-7)。石墨板置于空腔下部,具有典型的传热各向异性,即沿板平面 X、Y 方向传热,而垂直于板平面 Z 方向几乎不传热。石墨板下层为金属架,对石墨板及上方防护层起到支撑作用。

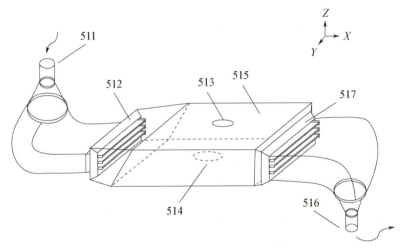

511—冷气进口;512—进气栅格;513—上透视窗;514—下透视窗;
515—空腔;516—冷气出口;517—排气栅格。

图2-6 第一防护层结构示意图

参见图2-7,第二防护层为水冷结构层,为主要隔热层,置于第一防护层与第三防护层中间,主要部件为水冷基板和水冷温度传感器。水冷基板具有内置冷却流道、冷水进口、冷水出口。冷水通过冷水进口进入水冷基板内部的冷却流道,对基板整体进行冷却,换热后由冷水出口流出,流出的水经管道进入外置的循环冷却泵降温,换热降温后的水重新进入冷水进口对水冷基板进行降温。水冷温度传感器置于水冷基板上部监测基板上,以此调节循环冷却水的温度。水冷基板下方置有支撑垫:一方面起到支撑与密封作用,另一方面起到隔热作用。支撑垫下方具有金属架,对第二防护层起到支撑作用。

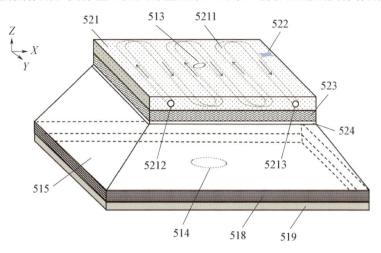

513—上透视窗;514—下透视窗;515—空腔;518—石墨板;519—金属架;
521—水冷基板;5211—内置冷却流道;5212—冷水进口;5213—冷水出口;
522—水冷温度传感器;523—支撑垫;524—金属架。

图 2-7 第二防护层及其与第一防护层的连接结构示意图

如图 2-4 和图 2-8 所示,第三防护层为风冷结构层,从内到外为双风道构造,包括内风道和外风道,与激光光学模块共同置于水平面板上,水平面板下方放置玻璃纤维垫。双风道与第一防护层共用同一冷气来源。激光光学模块置于内风道内,冷气通过进气口进入内风道对光学系统所有部件进行风冷冷却,外风道用于对风道外其他热量来源进行隔热。风冷温度传感器靠近激光器放置,用于监测激光器的温度,当激光器超过临界工作温度时,整个激光选区烧结装备报警并停止工作。

对于绝热组合板而言,其布置于振镜式激光扫描系统、送粉腔体和成形腔体之间(图 2-5 和图 2-9),用于对三者进行有效隔热。该绝热组合板由用于对 Y-Z 轴平面方向进行隔热的第一组合板和用于对 X-Y 轴平面方向进行隔热的第二组合板组合而成。此外,第一、第二组合板、沿着厚度方向均包含多层彼此间隔的石墨板、和绝热材料层以形成多夹层结构。当组合板沿着 X-Y 轴平面方向布置时,这些石墨板与送粉腔台面保持平行;当组合板沿着

Y-Z 轴平面方向布置时，这些石墨板与送粉腔台面保持垂直。

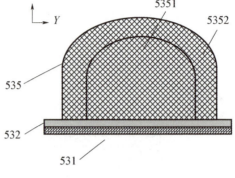

531—玻璃纤维垫；532—水平面板；535—双风道；5351—内风道；5352—外风道。

图 2-8　第三防护层结构示意图

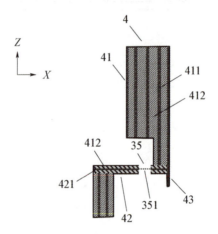

35—落粉槽；351—落粉槽开关；4—绝热组合板；41—第一组合板；
411—Y-Z 平面石墨板；412—绝热材料层；42—第二组合板；
421—X-Y 平面石墨板；43—延长板。

图 2-9　绝热组合板结构示意图

总体而言，这种光学热力防护与冷却系统在高温激光选区烧结过程中可实现高温成形腔体的有效隔热，使激光器及其他光学部件均处于标准的工作温度范围内，对整个光学模块形成有效降温和热力防护效果，同时可实时监测激光器工作情况。当激光器超过临界工作温度时，整个激光选区烧结装备报警并停止工作，对激光器起到良好的保护作用。

2.3 高性能聚合物高温激光选区烧结成形方法

在高性能聚合物材料的 HT‑SLS 成形中，用到的控制软件为 HUST 3DP，其界面如图 2‑10 所示。与普通聚合物的成形过程不同，在高性能聚合物材料成形中增设了送粉缸缸体加热功能、工作缸缸体加热功能、成形台面固定功率加热功能，并对加工策略进行了有效改进。

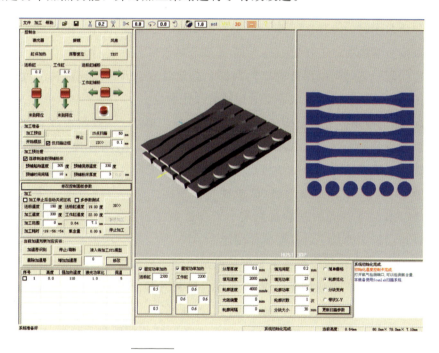

图 2‑10　HUST 3DP 控制软件界面

控制软件 HUST 3DP 主要由 5 个模块组成：控制台、加工准备、加工预处理、加工、高级参数设置。

（1）控制台模块。主要对激光器、振镜、风扇、缸体加热等实现开关控制，以及对送粉缸与工作缸的升降位移、刮板与接送粉装置的左右移动和停止进行控制，以此来完成铺送粉、装粉、清粉等操作。缸体加热主要对送粉缸体和工作缸体内的粉末设置相应温度进行加热：一方面使粉末床能够在规定的时间内升温至加工温度；另一方面使制件整体被包裹在热粉中，减缓结晶收缩导致的翘曲。

（2）加工准备模块。主要是在加工前实现激光在制件任意高度位置的二维面扫描、轮廓扫描和 25 点扫描操作，测试材料的可烧结性能。

（3）加工预处理模块。即连续制造前预铺粉末床，高温烧结过程中及加工停止后均要保证制件上、下、前、后、左、右各个方位的温度场的均匀性，减少翘曲，保证制件的成形精度。因此，必须在连续制造前进行预铺粉操作，实现制件底部的保温与隔热。连续制造前预铺粉末床主要参数包括预铺起始温度、预铺保持温度、预铺时间间隔、预铺粉末床厚度。当粉末床温度达到预铺起始温度时，工作缸下降一个层厚的高度，送粉缸上升一定高度，刮板将粉末刮至落粉槽，工作缸接送粉装置开始对成形台面进行预铺粉操作，每层铺粉间隔一定时间以保证温度的回升，直至温度上升至预铺保持温度后不再升温，当到达预铺粉末床厚度时预铺粉操作结束。

（4）加工模块。主要包括实时送粉温度、加工温度、工作缸温度、加工范围、氧含量、加工耗时、强加热层、固定功率加热、分层厚度、填充间距、填充速度、填充功率、轮廓速度、轮廓功率、光斑偏置、轮廓次数、轮廓间隔、分块大小及 4 种扫描策略（简单栅格、轮廓优化、分块变向、带状 $X-Y$）。加工模块主要是对送粉缸温度、工作缸温度、激光加工参数进行控制，以保证连续稳定的加工过程与制件性能。

（5）高级参数设置模块。主要包括成形空间、成形中心、铺粉时间、送粉时间、铺粉距离、送粉距离、铺粉速度、送粉速度、扫描步距、步进比率、激光开延时、激光关延时、扫描块延时、曲线延时、空跳延时、温度校准 M、温度校准 S、初始预热、送粉系数、收粉系数、补偿功率比、材料 $X-Y-X$ 收缩比、动态聚焦设置。高级参数设置中铺粉速度对高性能聚合物的成形具有重要作用，它直接影响连续高温加工时的铺粉效果，对制件性能具有直接影响。

在高性能聚合物材料成形实验中，针对 HT-SLS 装备特有的独立控温结构，综合实际铺粉效果、温度回升速度、制件翘曲、表面熔化等因素，需对特定材料设置特定的送粉温度及成形温度。由于装备结构为单侧送粉腔的形式，送粉效率较低，为进一步提高加工效率，铺粉方式设置为单侧送粉、双向铺粉。整个 HT-SLS 的成形过程如图 2-11 所示，主要分为 5 个阶段：准备阶段、预热阶段、预铺粉阶段、加工阶段和降温阶段。

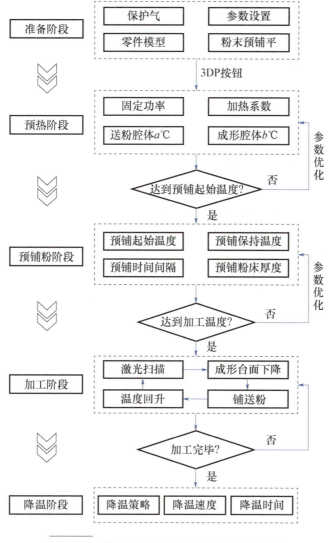

图 2-11　高性能聚合物 HT-SLS 的成形过程

高性能聚合物材料的 HT-SLS 成形方法具体包括下列步骤。

步骤1：准备阶段——开机，打开保护气与循环冷却外机，打开 HUST 3DP 软件及需要加工的零件模型，设置所有加工参数，单击"3D"按钮开始打印。

步骤2：预热阶段——送粉缸按照送粉系数上升一定高度，送粉刮板向 X 轴正方向移动，通过落粉槽将粉末送至成形腔体的接送粉装置，送粉腔体与成形腔体开始同步预热，将送粉腔体台面温度预热至 a ℃，将成形腔体台面预热至 b ℃（加工温度），b ℃处于粉末材料烧结窗口范围内。

步骤3：预铺粉阶段——达到预铺起始温度后，接送粉装置开始向 X 轴正方向移动，将粉末平铺至成形台面，铺粉高度为一个层厚；在一个预铺粉时间间隔后，接送粉装置开始向 X 轴负方向移动，将粉末平铺至成形台面；与此同时，送粉刮板沿 X 轴负方向运动至起始位置；重复预铺粉操作，直至到达预铺粉末床厚度。

步骤4：加工阶段——达到目标加工温度，开始第一层加工，激光束根据零件第一层截面信息进行有选择的扫描；成形台面下降一个分层厚度，接送粉装置开始向 X 轴负方向移动，将成形台面铺平，再次达到加工温度后进行第二层加工，激光束根据零件第二层截面信息进行有选择的扫描；重复加工操作直至零件加工完毕。

步骤5：降温阶段——按照既定程序或手动设置开始降温，降至室温后取出零件。

第3章
高温激光选区烧结聚醚醚酮粉末的制备方法

粉末的高温流动性和铺粉性能是 HT‐SLS 成形的基础,直接决定最终 HT‐SLS 制件的表面质量、致密度及力学性能[13]。粉末的高温流动性和铺粉性能受多种因素影响,主要包括粉末的微观形貌、粒径及分布特征、颗粒间相互作用、比表面积等。环境因素(如温度和含湿量)及所用 HT‐SLS 装备的铺粉装置对粉末的高温流动性和铺粉性能也具有一定影响[15]。适用于 HT‐SLS 技术的粉末应具有较宽的烧结窗口、稳定烧结区间、合适的熔融与结晶性质,以及较高的堆积密度。本章的重点是制备适用于 HT‐SLS 技术的 PEEK 粉末,为后续 HT‐SLS 成形奠定材料基础。

3.1 实验材料、装备与测试方法

3.1.1 实验材料与高温激光选区烧结装备

选择两种适用于高温激光选区烧结的 PEEK 粉末原材料:一种是长春吉大特塑工程研究有限公司,型号为 PEEK 012PF 的材料;另一种是英国 Victrex 公司,型号为 PEEK 450PF 的材料。本章使用的 PEEK 可烧结性能测试装备为华中科技大学自主研发的高温激光选区烧结 HT‐SLS,型号为 HK PK125,装备具体性能指标参见第2章。

3.1.2 表征与测试

使用 Sirion 200 和 Quanta 200 扫描电子显微镜(荷兰 FEI 公司)观察粉末形貌和 SLS 制件的微观形貌特征。观察前,在真空条件下对样品进行 300s 的喷金以避免异常放电影响观察效果。通过激光粒度仪 Mastersizer 3000(生产商 British Malvern)测定粉末的粒度及其分布情况,在测试前,先在 70℃ 条件下对样品进行 24h 烘干。热分析实验使用美国 PE 公司的差示扫描热量仪 Diamond DSC 设备在氩气保护气氛下进行，材料的熔融和结晶性质在 10℃/min 的加热和冷却速率下进行测定。由热分析方法得到的结晶度 X_C 可使用下式计算：

$$X_C = \frac{\Delta H_m}{\Delta H_m^0} \times 100\% \qquad (3-1)$$

式中：ΔH_m 为样品的熔化焓；ΔH_m^0 为 100% 完美晶体的熔化焓，根据报道 ΔH_m^0 数值为 130J/g[22]。至于熔融焓、结晶焓的定量分析，使用 TA Universal Analysis 2000 软件进行定量计算。通过选择数据限制（包含时间范围限制和温度范围限制）来进行某段热流峰面积积分计算，由于起始点和终点的选择具有部分主观性，因此对每条曲线进行 3 次测量取平均值。

PEEK 粉末的热重测试在同步热分析仪（NETZSCH STA449F3）上进行，升温速率为 10℃/min，保护气氛为氩气，样品剂量为 10mg。粉末的比表面积测试在 BET 比表面积分析仪（型号：Micromeritics ASAP2020）上进行，样品剂量为 80mg，测试前样品在 120℃ 下真空干燥预处理 6 h。

粉末安息角的测试方法依据标准 ASTM C 1444—2000 进行。安息角实验采用图 3-1 所示装置进行，其中漏斗最底部距离水平面 $h = 38.1$mm，测试时将粉末从漏斗缓慢加入，直至流出粉末堆积形成的椎体顶端高度与漏斗底端一致的时候停止。从图 3-1 所示的 4 个方向测量堆积粉末的直径，并记录。每种粉末进行 4 组实验，每组实验记录 4 次直径并取均值。最终粉末堆积的安息角采用如下公式进行计算：

$$\varphi = \arctan \frac{2h}{D_a} \qquad (3-2)$$

式中：φ 为粉末堆积的安息角；h 为粉末堆积形成的顶端高度与漏斗底端的垂直距离，本实验 $h = 38.1$mm；D_a 为每种粉末 4 组×4 次测量后得出的粉末堆积直径的平均值，改性后粉末的堆积直径记录在表 3-1 中。

在流出时间实验中，测试的粉末质量通过综合考虑实际漏斗的规格与粉末堆积密度来确定。操作步骤：每种粉末定量称取 18g，堵住漏斗底端出料口后将粉末加入漏斗，漏斗最底部距离水平面的高度与安息角测试相同，均为 $h = 38.1$mm，松开出料口时开始计时，粉末完全流出时停止计时，记录所用流出时间。为消除粉末与漏斗之间的摩擦力影响，第一次测量时间不计入统计范畴，每种粉末记录 4 次流出时间，取平均值，数据列于表 3-1 中。

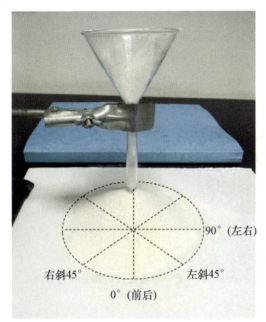

图 3-1
安息角测试装置示意图

表 3-1　不同流动剂改性后粉末的堆积直径、安息角、流出时间、堆积密度

型号	R812S	R972	R106	Alu C	A200	A380
堆积直径/mm	123.2±2.7	120.1±3.8	119.9±3.1	93.1±2.7	105.8±1.8	104.4±2.3
安息角/(°)	31.74±0.39	32.39±0.6	32.44±0.42	39.3±0.82	35.76±0.37	36.13±0.61
流出时间/s	3.78±0.24	5.08±0.39	3.43±0.22	—	—	—
堆积密度/(g/cm^3)	0.45±0.0038	0.43±0.0029	0.45±0.0064	0.40±0.0011	0.40±0.0027	0.40±0.0029

堆积密度的测量方法依据标准 GB/T 16913—2008《粉尘物性试验方法》进行，测试装置如图 3-2 所示，漏斗流出口直径为 12.7mm，锥度为 60°，漏斗下方放有金属量筒，用于定量承接粉末，量筒容积为 100mL。测试步骤：用堵塞棒将漏斗流出口堵住，将粉末缓慢倒入漏斗中，松开堵塞棒，使粉末自由下落至定量容器中，直至加满溢出，用水平刮刀将多余粉末刮出，计算松装状态下量筒内单位体积粉末的质量，具体数据记录于表 3-1 中。

图 3-2
粉末堆积密度的测试装置

3.2 聚醚醚酮粉末初始性能

粉末是实现 PEEK 材料 HT-SLS 成形的首要因素，其中最重要的是改善其高温铺粉性能。在实际 HT-SLS 实验中，粉末的常温铺粉性能是其高温铺粉性能的基础，但两者也存在一定区别：在高温环境下，粉末存在热胀冷缩现象，粉末形貌及颗粒间相互作用发生显著变化，导致其高温铺粉平整性与均匀性与常温显著不同。本节主要以 PEEK 012PF 与 PEEK 450PF 为原材料，制备适用于 HT-SLS 的 PEEK 粉末材料。

3.2.1 微观形貌、粒径及分布

PEEK 012PF 粉末的微观形貌与粒径分布如图 3-3 所示。从粉末形貌来看，其与应用较为广泛的商业化 PA12 粉末存在较大差别。商业化 PA12 粉末基本呈现均一的椭球形或近球形形貌，粉末表面较为光滑，颗粒之间无相互黏连[23]。而图 3-3 中的 PEEK 012PF 粉末大小不一，既有长条状，也有片状，整体则呈现出不规则的非均一形貌。从粒径分析来看，粉末的体积平均粒径 $D[4,3]$ 为 30.5μm，中位径 $D_v(50)$ 为 25.5μm，与商用 SLS 粉末的平均粒径

50 μm存在较大差距，如表3-2所示。在放大1500倍下观察，可以发现单颗粉末表面并不光滑，单颗粉末颗粒本质上为小颗粒之间黏连所形成。这种形貌带来的后果是粉末的比表面积较大，粉末之间易相互黏接，从而导致堆积密度较低。商业化PA12堆积密度一般要求在0.4 g/cm³以上，以保证制件较高的致密度与力学性能。而PEEK 012PF粉末堆积密度仅有0.1 g/cm³，达不到HT-SLS成形实验要求。此外，在实际HT-SLS实验中，这种非均一的不规则形貌，以及粉末之间的黏接对于高温铺粉是非常不利的。长时间接近起始熔点的粉末床温度会导致粉末出现膨胀，极易发生表面熔化，导致高温铺粉效果变差。

表3-2 PEEK 012PF粒径及其分布

指标	数据	指标	数据
$D_v(10)$ /μm	9.28	$D[3,2]$ /μm	11.4
$D_v(50)$ /μm	25.5	$D[4,3]$ /μm	30.5
$D_v(90)$ /μm	53		

3.2.2 烧结窗口与稳定烧结区间

从图3-4和表3-3所示的PEEK 012PF粉末的DSC热分析数据来看，其理论烧结窗口温度S_w为294.86~319.59℃，宽度为24.73℃，非常适合HT-SLS成形。在实际HT-SLS成形实验中，根据理论烧结窗口温度，可将预铺起始温度设定在起始结晶温度294.86℃附近或略高于此温度，预铺保持温度设定在接近起始熔融温度319.59℃附近，加工温度设定与预铺保持温度一致。通过TG热失重分析(图3-5)可知，PEEK 012PF粉末的质量变化为-55.38%，残余灰分较多，这是PEEK分子链中刚性苯环占比较多的缘故。PEEK 012PF粉末的稳定烧结区间温度S_{sr}在起始结晶温度至分解温度之间(294.86~585.63℃)，区间宽度为290.77℃。因此，综合S_w与S_{sr}可以推断，PEEK 012PF粉末具有较好的烧结窗口温度和稳定烧结区间温度。但由于其形貌、粒度及堆积密度均达不到HT-SLS成形的基本要求，后续需要通过异相球化法和高温红外辐射方法制备适用于HT-SLS的PEEK 012PF粉末。

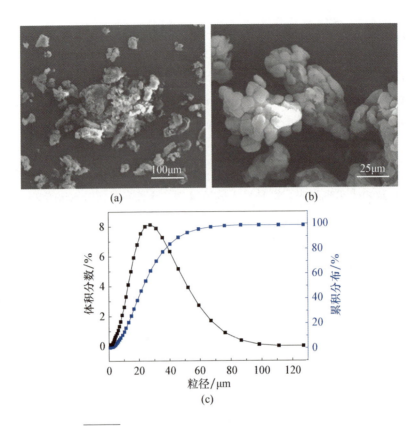

图3-3　PEEK 012PF 粉末的微观形貌与粒径分布

（a）放大 300 倍；（b）放大 1500 倍；（c）粉末粒径分布。

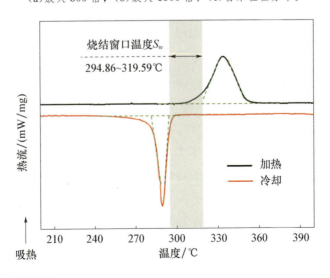

图3-4　原始 PEEK 012PF 粉末的 DSC 加热/冷却循环曲线

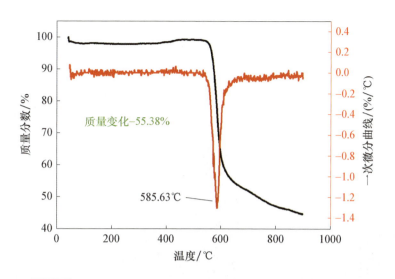

图 3-5 原始 PEEK 012PF 粉末的热失重曲线及其一次微分曲线

表 3-3 PEEK 012PF 原始粉末的 HT-SLS 热性能

材料	熔融焓 ΔH_m/(J/g)	结晶度 X_c/%	结晶焓 ΔH_c/(J/g)	烧结窗口温度 S_w/℃	稳定烧结区间温度 S_{sr}/℃
PEEK 012PF	45.39	34.92	-35.99	24.73 (294.86~319.59)	290.77 (294.86~585.63)

3.3 异相球化制备方法

PEEK 012PF 粉末的异相球化制备方法采用高温高压反应釜进行，通过加入 PEEK 粉末与超纯水形成两相，采用 O/W 型表面活性剂对 PEEK 粉末形成包覆，利用时温等效原理，在反应釜长时间高温高压的环境下研究粉末表面形貌的变化情况。由于反应釜工作压力和循环加热限制，反应釜温度最高设定在 181℃，温度如继续升高，则反应釜压力呈指数上升。异相球化实验原料：4500mL 超纯水（UP 水），5g 十二烷基苯磺酸钠（SDBS），100g PEEK 012PF 粉末。实验条件：反应釜转速为 300 r/min，设定温度为 181℃，反应釜升温至 181℃需 2 h，保温时反应釜压力为 9.8×10^5 Pa，保温时间分别设定为 1 h、5 h、10 h。

如图 3-6 所示，在异相球化实验出料时发现，料浆出现明显的上、中、下分层现象，上层为泡沫状，中层为浑浊的悬浮液，下层为粉末沉淀。此外，反应釜侧壁、搅拌桨仍存在部分残余粉末，同样对其取样进行电子显微镜观察。

图 3-6　反应釜出料示意图

图 3-7 所示为采自反应釜侧壁和搅拌桨残余粉末的微观形貌图。由于釜壁与外部循环加热油管路的接触更加直接，而向釜内沿半径方向温度呈现出梯度不均匀性，因此理论上釜壁的粉末会受到更多的热量传递而显示出更明显的形貌变化。但从图 3-7 中(a)、(b)的对比来看，釜侧壁与搅拌桨残余粉

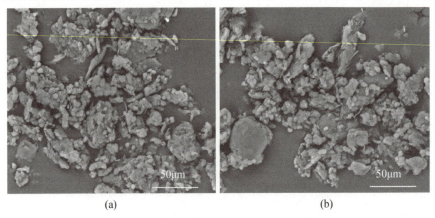

图 3-7　反应釜侧壁和搅拌桨残余粉末的微观形貌图
(a)侧壁粉末；(b)搅拌桨粉末。

末并未出现明显的形貌差异。从整体来看，经异相球化处理后，有小颗粒从大块粉末中逐渐分散开来，小颗粒之间的相互作用有所降低。相比于原始PEEK 012PF粉末，处理后的粉末表面棱角已经逐渐消失，但整体上仍呈现出非规则形貌。图3-8所示为采自出料浆上层泡沫与下层沉淀的粉末微观形

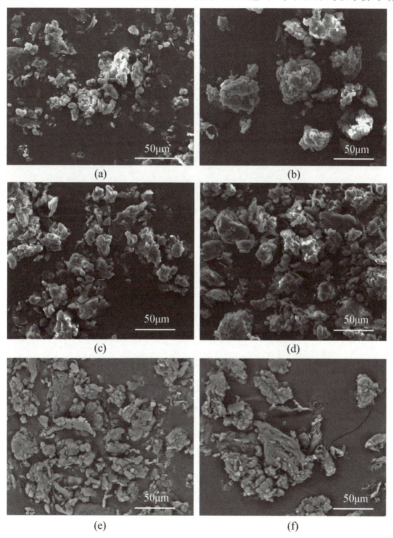

图3-8 出料浆上层泡沫与下层沉淀粉末的微观形貌

(a)异相球化时间为1h的上层泡沫；(b)异相球化时间为1h的下层沉淀粉末；
(c)异相球化时间为5h的上层泡沫；(d)异相球化时间为5h的下层沉淀粉末；
(e)异相球化时间为10h的上层泡沫；(f)异相球化时间为10h的下层沉淀粉末。

貌，异相球化时间分别为 1 h、5h、10 h。从上层泡沫与下层沉淀的粉末微观形貌对比分析来看，上层泡沫粒径较小，颗粒之间较为分散，部分小颗粒呈现球形化趋势，而下层沉淀粉末粒径较大，颗粒之间仍存在黏连现象。随着异相球化时间的加长，粉末形貌并未发生明显的球形化趋势，整体仍为不规则的非均匀形貌。由于反应釜压力限制，无法进一步升温，异相球化方法并未对粉末形貌产生较大影响。因此，直接在 HT-SLS 装备上采用高温预铺红外辐射方法对粉末进行改性。

3.4 高温预铺红外辐射制备方法

3.4.1 PEEK 012 PF 粉末的制备方法

对于 PEEK 012PF 粉末的高温预铺红外辐射制备方法，所用预铺起始温度和保持温度设置相同，均为 300℃，预铺时间间隔为 20s，分层厚度为 0.2mm，辐射总时长为 5 h。所用成形腔体红外灯管功率固定为 2300W（调节范围为 0~4000W），4 个灯管加热系数均为 0.6（调节范围为 0~1）。辐射后，对粉末的微观形貌、粒径、分布，以及烧结窗口的变化等进行了测试。

图 3-9(a)、(b)所示为原始 PEEK 012PF 粉末的微观形貌；图 3-9(c)、(d)为 300℃高温预铺红外辐射后粉末形貌的变化。可以发现，粉末表面的小颗粒已经开始逐渐熔化，但整体来看红外辐射导致的形貌变化并不明显。通过粒径测试可以发现，在 0~150 μm 粒径范围内，由高温预铺红外辐射导致的粉末粒径分布并无明显变化，主要变化发生在 150~1200 μm 粒径范围，如图 3-10 所示。这是由于单层粉末（分层厚度为 0.2mm）在长时间红外辐射作用下出现了小部分聚集，聚集粉末的体积分数小于 0.6%。表 3-4 所示为高温预铺红外辐射前后的粉末粒径变化。

从表 3-4 中可以看出，由团聚导致的中位径 $D_v(50)$ 仅出现小幅度增大，而体积平均粒径 $D[4,3]$ 则大幅提高了 121.6%，这说明中位径以下的小粒径粉末并未出现明显变化，体积平均粒径的变化主要由较大粉末团聚导致。

**图 3-9　原始 PEEK 012PF 粉末的微观形貌及 300℃
高温预铺红外辐射后的粉末形貌的变化**

(a)放大 600 倍下原始 PEEK 012PF 粉末形貌；(b)放大 1500 倍下原始
PEEK 012PF 粉末形貌；(c)放大 600 倍下高温辐射后粉末形貌；
(d)放大 1500 倍下高温辐射后粉末形貌。

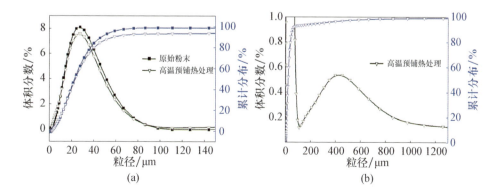

图 3-10　高温预铺红外辐射前后粉末粒径对比及处理后粒径分布的放大图

(a)粉末粒径对比；(b)处理后粒径分布的放大图。

表 3-4 高温预铺红外辐射前后的粉末粒径变化

粉末粒径	初始粉末	处理后
$D_v(10)$ /μm	9.28	9.12
$D_v(50)$ /μm	25.5	26.3
$D_v(90)$ /μm	53	65.2
$D[3, 2]$ /μm	11.4	18.7
$D[4, 3]$ /μm	30.5	67.6

  由高温预铺红外辐射导致的粉末热性能变化如图 3-11 所示,具体数据列于表 3-5 中。从表 3-5 中可以看出,最明显的变化是高温预铺红外辐射后 PEEK 012PF 粉末的烧结窗口温度大幅提高了 79.1%,增宽至 44.29℃,主要是粉末在红外辐射后起始结晶温度降低与起始熔融温度升高所导致。粉末在连续 300℃ 高温预铺红外辐射的作用下,PEEK 刚性链段发生重排,趋向于更加有序的链结构,导致起始熔融温度与峰值熔融温度 T_{peak}^m 升高,熔程 M_r 缩短。但需要注意的是,虽然其熔点升高,晶体结构趋向于有序,但熔融焓出现小幅度降低,结晶度随之下降。这表明新形成的有序晶相结构并不是由非晶区分子链重排形成的,而是由原本晶区内分子链重排所形成的。熔融焓的降低会在一定程度上导致 PEEK 012PF 粉末在 HT-SLS 成形中二次烧结现象

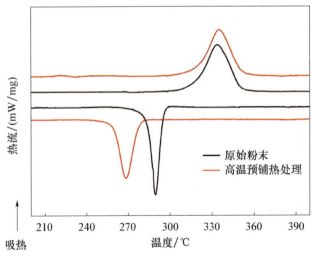

图 3-11 高温预铺红外辐射前后粉末热性能变化

加重，零件边界模糊。

从整体来看，PEEK 012PF 粉末在高温预铺红外辐射后，粉末烧结窗口温度大幅升高，这对 HT-SLS 成形是有利的，但熔融焓与结晶度降低，粉末的形貌并未发生明显变化。此外，堆积密度测试表明，红外辐射前后，粉末堆积密度仅为 $0.1\sim 0.2\text{g/cm}^3$，均未达到 0.4g/cm^3，并未达到 HT-SLS 成形的基本标准。这表明，目前阶段 PEEK 012PF 粉末是不适合 HT-SLS 成形的。

表 3-5 高温预铺红外辐射前后粉末热性能数据

热性能	原始粉末	处理后
峰值熔融温度 T_{peak}^m/℃	334.02	335.16
熔程 M_r/℃	30.03(319.59~349.62)	27.74(321.65~349.39)
熔融焓 ΔH_m/(J/g)	45.39	37.34
结晶度 X_C/%	34.92	28.72
烧结窗口温度 S_w/℃	24.73(294.86~319.59)	44.29(277.36~321.65)
结晶峰值温度 T_{peak}^c/℃	289.52	268.64
结晶焓 ΔH_c/(J/g)	-35.99	-35.01

3.4.2 PEEK 450 PF 粉末的制备方法

基于上述对于 PEEK 012PF 粉末的研究，相比于异相球化制备方法，高温预铺红外辐射方法效果更加明显。因此，在对 HT-SLS 成形 PEEK 450PF 粉末的制备过程中，优选高温预铺红外辐射方法。同时，选择了 5 个系列的流动助剂测试其对粉末流动性和堆积密度的影响。

对于 PEEK 450PF 粉末的高温预铺红外辐射方法，所用预铺起始温度和保持温度设置相同，分为 3 组，即 250℃、270℃、300℃。其他条件保持一致，预铺时间间隔为 20s，分层厚度为 0.2mm，红外辐射总时长为 5 h。所用成形腔体红外灯管功率固定为 2300W(调节范围为 0~4000W)，4 个灯管加热系数均为 0.6(调节范围为 0~1)。高温预铺红外辐射后，对粉末的微观形貌、比表面积、粒径、分布，以及烧结窗口等性能变化进行了测试。

1. 微观形貌、粒径及分布

在不同温度预铺红外辐射后，粉末的形貌变化如图 3-12 所示。未经红

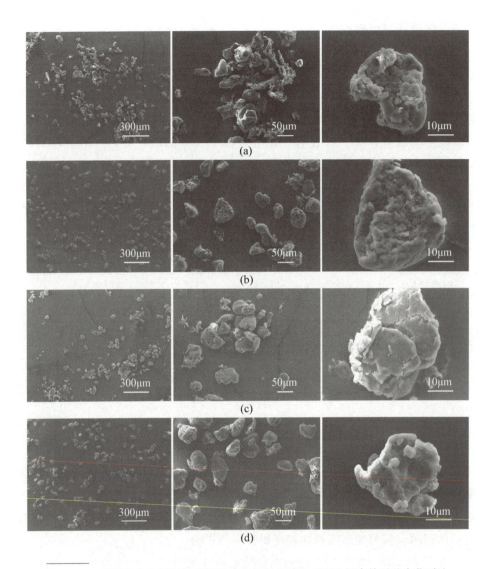

图 3-12 原始粉末与不同温度预铺红外辐射 PEEK 450PF 粉末的形貌变化对比

(a) 原始 PEEK 450PF 粉末形貌；(b) 250℃；(c) 270℃；(d) 300℃。

外辐射的原始粉末整体呈现出不规则的非均一性形貌，但其中有小部分表面光滑的球形粉末存在。放大后可以看出，PEEK 045PF 粉末内部是由分裂的小颗粒与碎片组成的，颗粒与颗粒之间存在明显的狭缝孔隙。随着红外辐射温度的升高，对比原始粉末与 300℃ 红外辐射粉末可以看出，粉末内部颗粒与颗粒之间的狭缝孔隙已经明显消失，表面逐渐光滑。另外，粉末在更高温度红外辐射下，整体形貌更加规则均一，向球形化趋势发展，这一点在后面的

BET 比表面积测试中得到了佐证。此外，可以发现，小粒径粉末在红外辐射后逐渐减少。如图 3-13 所示，装备内高温预铺红外辐射时，发现 PEEK 450PF 粉末具有明显的高温膨胀现象，随着刮板铺粉次数的增多，刮至装备一侧的粉末量也逐渐增多，这说明高温预铺红外辐射方法确实对粉末的形貌及颗粒间相互作用产生了一定影响。从图 3-14 和表 3-6 中的粒径及分布测试中也可以看出，300℃红外辐射粉末的 $D_v(10)$ 相比于原始粉末已从 19.3 μm 提升至 26.5 μm，即在体积分数为 10% 临界点的粉末粒径径红外辐射后得到提升。对比 PEEK 450PF 与 PEEK 012PF 两种粉末可知，PEEK 450PF 粉末在高温预铺红外辐射后粉末形貌改善明显，向规则均一的球形化趋势发展，

图 3-13 高温红外辐射时成形腔体与送粉腔内的粉末膨胀现象

(a)成形腔体；(b)送粉腔。

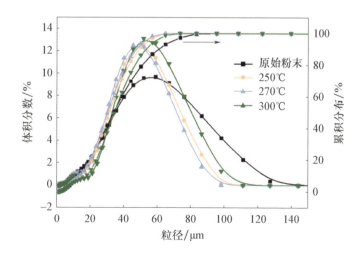

图 3-14 原始粉末与不同温度预铺红外辐射后粉末粒径及分布的变化对比

这对于 HT-SLS 成形而言是更加有利的。此外，对 PEEK 450PF 粉末的堆积密度进行了测试，其原始粉末可达到 $(0.32 \pm 0.02)\text{g/cm}^3$，而 300℃ 红外辐射后堆积密度可达到 $(0.37 \pm 0.01)\text{g/cm}^3$（接近商用 SLS 粉末堆积密度标准），因此其相比于 PEEK 012PF 粉末更加适合 HT-SLS 成形。

表 3-6 高温预铺红外辐射前后的粉末粒径变化

粉末粒径	原始粉末	250℃	270℃	300℃
$D_v(10)$ /μm	19.3	20.8	20.2	26.5
$D_v(50)$ /μm	51.4	47.4	45.9	52.1
$D_v(90)$ /μm	92	74.5	72	80.8
$D[3,2]$ /μm	34.8	33.5	32.9	37.3
$D[4,3]$ /μm	53.9	47.7	46.1	52.6

2. 比表面积

从图 3-15 中可以发现，吸附-脱附曲线对应 IUPAC 吸附等温线分类中的Ⅲ型，N_2 吸附-脱附曲线在低压端偏向于 P/P_0 轴，说明材料与氮的作用力弱。P/P_0 在 0~0.3 范围时，根据 Kelvin 方程可知有效孔半径只有几个吸附质分子大小，不会出现毛细管凝聚现象，吸脱附等温线几乎重合。根据低压范围内的前 5 个点拟合计算出的 BET 比表面积如图 3-16 所示，数据列于

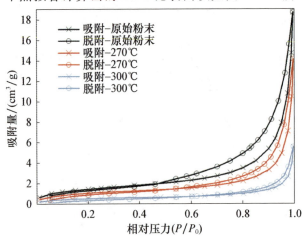

图 3-15 原始粉末及不同温度红外辐射的粉末 N_2 吸附—脱附曲线

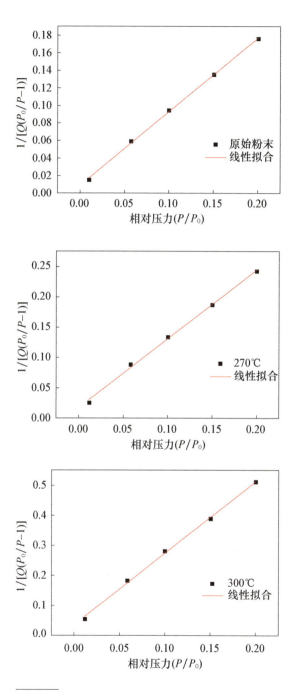

图 3-16 不同温度下预铺红外辐射后 PEEK 450PF 粉末 BET 比表面积的拟合计算

表3-7中。可以看出，相比于原始粉末，高温红外辐射后的 BET 比表面积显著降低，270℃预铺红外辐射后 BET 比表面积降低了 26.33%，300℃预铺红外辐射后大幅降低了 64.96%，这表明 300℃预铺红外辐射的方法可以更加有效地改善粉末的表面形貌，向球形化趋势发展。此外，在相对压力为 0.5~1 范围内，吸附与脱附曲线不一致，可观察到迟滞回线。从图中可以看出，原始粉末的迟滞现象较为明显，在更高温度下预铺红外辐射的 PEEK 粉末迟滞现象明显减弱，而 300℃预铺红外辐射后粉末的吸附-脱附曲线迟滞现象已不明显，N_2 吸附量也大幅减少，这也说明了 300℃预铺红外辐射是制备 HT-SLS 成形 PEEK 粉末的有效方法，红外辐射后的粉末更加合适。

表3-7 原始粉末和不同保温温度下的 BET 比表面积

粉末状况	原始粉末	270℃	300℃
BET/(m/g)	5.1385	3.7856	1.8006

3. 热性能与烧结窗口

粉末经过不同温度下预铺红外辐射后的热流变化曲线如图 3-17 所示，其具体热性能数据列于表 3-8 中。可以看出，PEEK 450PF 粉末的烧结窗口温度在预铺红外辐射后逐渐变宽，在 300℃预铺红外辐射后，其理论烧结窗口温度可达 27.26℃。这与成熟的商用 PA12 粉末的烧结窗口温度宽度基本一

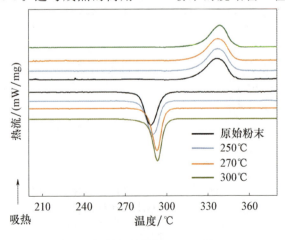

图 3-17 原始粉末和不同温度下预铺红外辐射后 PEEK 450PF 粉末的热流变化曲线

致,预示着PEEK 450PF粉末具有良好的HT-SLS成形加工性。通过起始熔点可以判定其加工温度可设定在322~324℃,但由于PEEK的高温激光选区烧结与PA12的加工温度(168℃)存在非常大的区别,其实际加工温度仍需进一步摸索。此外,随着预铺温度的升高,PEEK 450PF粉末的峰值熔点T_{peak}^m逐渐升高,熔程M_r逐渐缩短,这表明红外辐射后粉末的晶体结构趋向于更加有序。但需要注意的是,虽然其晶体结构趋向于有序,熔点升高,但熔融焓与结晶度却在预铺红外辐射后出现降低。这表明,在远高于玻璃化温度的预铺环境下,新形成的有序晶相结构并不是由无定型分子链排列形成的,而是由原本晶区内分子链重排所形成的。熔融焓的降低会在一定程度上导致PEEK 450PF粉末在HT-SLS成形中二次烧结现象加重,零件边界变得更加模糊。

表3-8 高温红外辐射前后粉末热性能数据

性能参数	原始粉末	250℃	270℃	300℃
T_{peak}^m/℃	336.53	336.71	337.05	338.46
M_r/℃	26.86 (322.45~349.31)	25.48 (323.19~348.67)	24.17 (324.02~348.19)	23.31 (324.76~348.07)
ΔH_m/(J/g)	37.39	36.63	35.93	32.45
X_C/%	28.76	28.18	27.64	24.96
S_w/℃	25 (297.45~322.45)	24.75 (298.44~323.19)	26.02 (298.74~324.76)	27.26 (296.76~324.02)
T_{peak}^m/℃	336.53	336.71	337.05	338.46

续表

性能参数	原始粉末	250℃	270℃	300℃
$T_{peak}^c/℃$	288.13	290.13	292.66	293.05
$\Delta H_c/(J/g)$	-34.87	-38.62	-39.92	-39.93

此外，我们发现原始PEEK粉末155℃左右的冷结晶放热峰经预铺红外辐射后已经消失(图3-18)，这一冷结晶峰是熔融态PEEK材料的骤冷所致[1]。在远大于155℃长时间的预铺红外辐射环境下，骤冷形成的不稳定晶型已发生完全转变，并形成熔程更窄的单一吸热峰。文献多有报道的PEEK材料经过缓慢结晶形成的双峰熔融现象在本实验中并未出现，这对于HT-SLS成形也是非常有利的，可有效防止PEEK粉末在预热过程中就发生结块现象而影响高温铺粉效果。高温预铺红外辐射方法对于PEEK 450PF粉末的HT-SLS热性能、形貌变化、堆积密度均有一定程度的提升，为进一步改善粉末的高温流动性，可以通过添加纳米流动助剂改善颗粒间的相互作用来实现。

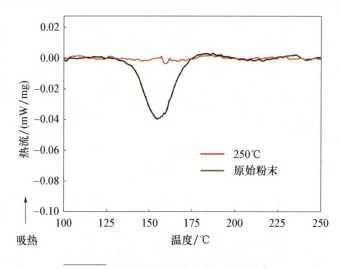

图3-18 预铺红外辐射后冷结晶峰的变化

3.5 流动性与可烧结性

在高温预铺红外辐射后,通过纳米流动助剂改善颗粒间的相互作用,进一步提高 PEEK 450PF 粉末的流动性和堆积密度。本次实验中共选择了 5 种纳米流动助剂,并分别表征添加后粉末流动性的改善情况,主要测试指标为安息角、流出时间和堆积密度。最后,进行单层烧结实验,对其可烧结性进行测试。

所选纳米助剂的型号与技术指标如表 3-9 所示,流动剂添加的质量分数为 1%,加入后通过行星式球磨机进行物料的机械混合。通过多组混合实验发现,参数设定为 300 r/min 混合 1h、400r/min 混合 1h 可将流动剂在 PEEK 粉末基体中混合均匀。因此,6 种流动助剂均选用此混合工艺进行机械混合。

表 3-9 纳米流动助剂的型号与技术指标

型号	Alu C	R972	R106	R812S	A200	A380
CAS NO.	1344-28-1	68611-44-9	68583-49-3	68909-20-6	112945-52-5	112945-52-5
亲疏水特性	—	疏水型	疏水型	疏水型	亲水型	亲水型
化学组成	Al_2O_3	$(CH_3)_2SiCl_2$ 处理后的气相 SiO_2	$C_8H_{24}O_4Si_4$ 处理后的气相 SiO_2	$C_6H_{19}NSi_2$ 后处理的气相 SiO_2	气相 SiO_2	气相 SiO_2
BET/(m^2/g)	100±15	110±20	250±30	220±25	200±25	380±30
粒径/nm	13	16	7	7	12	7

采用式(3-1)计算的安息角绘制于柱状图 3-19 中,具体数据记录在表 3-1 中。安息角越小则表示粉末的流动性越好。可以看出,相对于 Alu C(Al_2O_3),气相 SiO_2 对于粉末流动性的改善效果更加明显。而疏水型与亲水型气相 SiO_2 对于粉末流动性的改善效果也不尽相同,疏水型气相 SiO_2 改性后的 PEEK 450PF 粉末安息角更小,维持在 33°以下,亲水型气相 SiO_2 改性后的粉末,其安息角维持在 35°~36°。其中,流动性最好的是经 R812S(即六甲基二硅氮烷(HMDS)疏水型气相 SiO_2)改性后的 PEEK 450PF 粉末,其安息角最低为 31.74°。如图 3-20 所示,经 R812S 改性后的 PEEK 450PF 粉末流动性得到大幅改善。

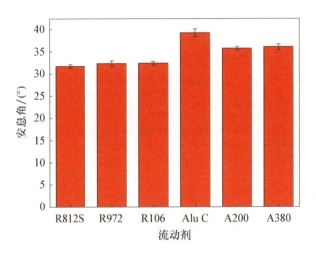

图 3-19 不同流动剂改性后粉末的安息角

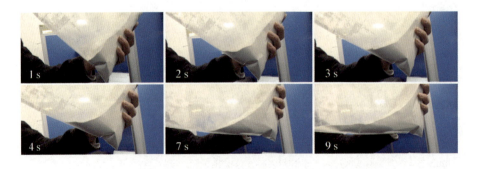

图 3-20 R812S 制备的 PEEK 450PF 粉末流动性的时间变化示意图

此外，采用流出时间对粉末的流动性进行测试，以此来佐证安息角得出的粉末流动性测试结果，具体数据列于表3-1中。流出时间的定义为相同质量的粉末完全流出漏斗所用的时间，流出时间越短则代表粉末流动性越好。径多次实验发现，Alu C、A200、A380 三种助剂制备的 PEEK 450PF 粉末在测试时并不能完全流出漏斗，因此并未对其进行记录。这也从侧面证明了经 Alu C、A200、A380 三种助剂改性的 PEEK 450PF 粉末流动性不如疏水型气相 SiO_2 改性的粉末。流出时间数据表明，经 R106（即八甲基环四硅氧烷处理的气相 SiO_2）改性的 PEEK 450PF 粉末流出时间最短，流动性最好，其次是经 R812S 改性的粉末。

堆积密度测试结果如图 3-21 所示，具体数据列于表 3-9 中。可以看出，不论是 Alu C 还是气相 SiO_2，改性后的 PEEK 450PF 粉末堆积密度均达到 $0.4g/cm^3$ 以上，达到了商用 HT-SLS 粉末堆积密度的标准。经 R812S 改性后的粉末堆积密度最高，可达 $0.454g/cm^3$，这种堆积密度对于提交 HT-SLS 成形件的致密度是非常有利的。如图 3-22 所示，在实际 HT-SLS 成形中，制备的 PEEK 450PF 粉末高温铺粉效果明显得到改善，通过单层烧结实验也可以发现，粉末的可烧结性非常优异。

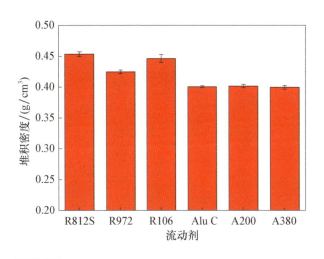

图 3-21　不同助剂改性后 PEEK 450PF 粉末的堆积密度

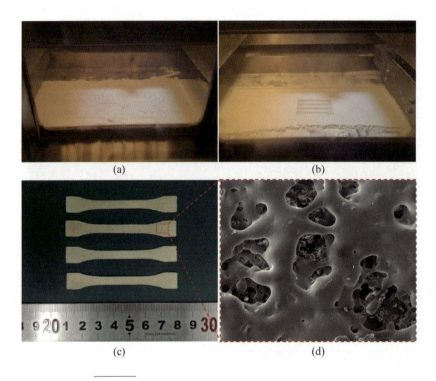

图3-22 PEEK粉末改性前后的铺粉及烧结情况

(a)PEEK原始粉末加工状态下的铺粉效果；(b)改性后的铺粉效果；
(c)粉末的HT-SLS单层烧结件；(d)粉末的HT-SLS单层烧结件微观表面形貌。

第4章
聚醚醚酮的高温激光选区烧结工艺与性能

由于装备的限制,早期对于 PEEK 的 HT-SLS 制件及其力学性能一直鲜有报道。2010 年,德国 EOS 公司宣布推出全球首款商业高温激光选区烧结(HT-SLS)装备 EOSINT P800,它能够成形 200℃ 以上的聚合物材料,加工温度最高可达 385℃[4]。基于此,PEEK 的 HT-SLS 成形研究逐渐得到发展。近年来,英国埃克塞特大学(University of Exeter)大学的 Oana Ghita 教授课题组对 PEEK 粉末材料的特性、HT-SLS 成形工艺、制件性能与精度、医疗应用等方面做了系统的研究。国内仅有西安交通大学对 PEEK 的碳纤维(CF)复合材料成形进行了报道,主要基于 PEEK/CF 的高温流变性质对其烧结动力学进行研究,结合模拟得到的温度场分布和流变的温度依赖性重新定义了烧结熔融区域,基于此制备了高性能 PEEK/CF 复合材料。

纯 PEEK 材料的 HT-SLS 成形是其高性能复合材料制备的前提和基础,而稳定的 HT-SLS 成形工艺与优异的制件性能是建立在反复实验和纠错的基础上的。在实际成形过程中,PEEK 的高温铺粉性能、预热及温度场均匀性控制、铺粉与粉末床回温及触发激光扫描之间的衔接均会导致加工不连续,成形失败。在保证连续和稳定 HT-SLS 成形的基础上,才可以进行下一步激光输入参数的优化。针对独立控温 HT-SLS 装备,本章首先对 PEEK 成形工艺进行摸索,保证加工的连续性和稳定性。在此基础上,优化激光输入参数,研究 PEEK 材料 HT-SLS 制件的力学性能,分析制件内部的微观结构、晶体结构及分子结构的变化,并建立其与力学性能的关联关系。

4.1 聚醚醚酮的高温激光选区烧结成形工艺

在 PEEK 粉末的 HT-SLS 成形摸索中,遇到的问题主要包括高温铺粉、预热不受控、表面熔融、加工翘曲、控温不准、加工回温慢等导致的加工不连续性及温度场均匀性差等问题。这些问题主要可归类划分在3个主要过程中，即预热过程、成形过程、降温过程。针对这3个主要过程，进行了装备的预热过程纠正、预热与加工衔接及加工过程参数的摸索，找到了适用于PEEK的HT-SLS成形工艺参数并将其定量化，从而实现了PEEK的连续稳定HT-SLS成形。

4.1.1 预热过程

根据PA6烧结经验可知其加工温度为196℃，采用原有策略升温至196℃需要35～40min。由于PEEK材料峰值熔点为343℃，起始熔点为322～324℃，因此其理论加工温度应设置在此温度附近。首先将预热程序进行微调，在室温至140℃范围内红外灯管全功率加热实现粉末床的快速升温，而140℃至粉末床预铺起始温度的升温通过高级参数设置模块的初始预热时间设定来调节升温速率。为此，进行了多组预热实验。

（1）第一组预热实验。参数设置：预铺起始温度为300℃，预铺保持温度与加工温度一致为320℃，初始预热时间为40～45min。问题分析：升温速率不稳定，室温加热至140℃时升温较快，140～250℃升温较慢，继续升温困难。在仅剩4min预热时间时未达到预铺起始温度300℃，因此，装备开始强制加热，红外灯管短时间内功率过大导致粉末床表面熔化（图4-1）。实验表明，40min的初始预热时间设定粉末床最高仅可达到250℃附近，且达到的温度具有不确定性，因此需将初始预热时间进一步延长。

（2）第二组预热实验。参数设置：预铺起始温度为300℃，预铺保持温度与加工温度一致为320℃，初始预热时间为60～65min。问题分析：升温速率仍然不稳定，前两次实验均可在60min内达到预铺起始温度，但第三次仅可达到280℃，仍存在预热最后阶段短时间升温过快的问题。若在预热过程中临时将初始预热时间延长至65min，则会使升温速率重新规划导致粉末床温度降低，升温更加困难。此外，即使达到预铺起始温度并在预铺粉阶段的后期达到加工温度，在激光扫描过程中仍存在温度无法快速回升至加工温度的情况，温度不受控制。因此，后续实验中，直接采用红外灯管的固定功率加热模式来实现预热与加工的可控升温。

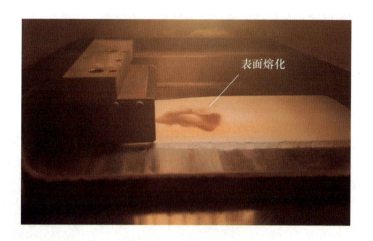

图 4-1　预热阶段后期升温过快导致的粉末床表面熔化

(3) 第三组预热实验。参数设置：预铺起始温度为 300℃，预铺保持温度与加工温度一致为 328℃，采取固定功率加热模式，红外灯管功率为 2600W（调节范围为 0~4000W），加热系数 0.5（调节范围为 0~1），预热 2h 后温度达到 280℃，更改红外灯管功率为 2800W，加热系数 0.5 不变，预热 45min，共计 2h 45min 达到 300℃。预铺粉过程结束后达到加工温度并开始加工过程，在加工过程中未改变加热功率，在打印 3~5 层后成形缸温度回升逐渐变慢，粉末床温度无法维持。由于长时间未达到加工温度不进行铺送粉与激光扫描操作，此时成形台面因红外辐照时间过长已开始熔融下陷，如图 4-2 所示。因此，在预铺粉阶段结束后，必须快速改变红外灯管的固定功率来保证粉末床温度能够短时间内回升至加工温度，从而与下一层加工的铺粉与激光扫描操作实现快速有效的配合。

(4) 第四组预热实验。参数设置：预铺起始温度为 300℃，预铺保持温度与加工温度一致为 328℃，固定加热功率为 2600W/0.5（红外灯管功率为 2600W，加热系数为 0.5），预热 2h 后温度达到 280℃，更改固定加热功率为 2800W/0.5，预热 45min，共计 2h 45min 达到 300℃。为使预铺粉期间可较快升至加工温度，将固定加热功率改为 3000W/0.5，层厚在 2mm 时即可在铺粉后 3~5s 回升至加工温度。当第 21 层铺粉结束（层厚达到 2.1mm）温度回升至加工温度（即开始激光扫描零件的第 1 层）时，但在扫描多层后发现将红外灯管功率调至最大 4000W 仍无法使粉末床快速回温，需将 4 个红外灯管的加热系数与灯管功率同时进行更改，造成操作不便，加工延迟。此外，可以发现，粉末床表面铺粉效果变差的同时制件发生了翘曲，如图4-3所示。这是两个矛盾的现象，表面结块是因粉末床温度过高，而制件翘曲是制件因低温快速结晶。观察缸体温度时发现，加工时的底部缸体温度仅为310℃，较加工温度低18℃。因此，必须增加预铺粉层厚以实现与底部缸体有效的热阻隔，同时需要降低预热过程的热量积累，保证加工过程良好的铺粉效果。

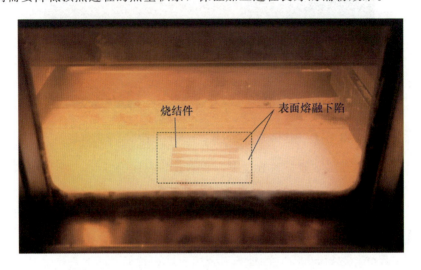

图4-2 某一层加工延迟导致的热量积累与粉末床表面下陷

图4-3 表面结块与制件翘曲同时存在的矛盾现象

(5)第五组预热实验。参数设置：预铺起始温度为315℃，预铺保持温度与加工温度一致为330℃，固定加热功率为2100W/0.6，预热80min后温度达到260℃，更改固定加热功率为2200W/0.6，预热30min达到290℃（机显温度，实际为309℃），更改固定加热功率为2300W/0.6，加热10min至预铺起始温度。预铺粉开始后，调整红外灯管功率至2500W，加热系数为0.6，使粉末床温度在预铺3mm后能够快速回升。加工后，根据升温情况仅将红外灯管功率调至3800～3900W即可实现粉末床的快速回温，加工可以持续稳定进行。但需要注意的是，为避免热量积累导致的铺粉效果变差，需在加工时适当降低粉末床温度，保证加工的稳定性。

预铺粉过程的控制对加工过程具有重要影响，只有在预铺粉达到一定层厚，保证加工制件底部的隔热，同时粉末床在冷铺粉后能快速回升至加工温度的条件下，PEEK粉末才能得到稳定连续的加工。经过对预热程序的调试，对HT-SLS成形涉及的整个加热过程进行了定量化，预热过程、预铺粉过程及加工过程涉及的红外加热参数已列于表4-1中。预铺粉时的红外灯管功率为2500W、加热系数为0.6、预铺层厚为3mm，预铺时间间隔在5～20s内调节，在此条件下能够保证与加工过程的有效连续性。

表4-1 预热过程、预铺粉过程及加工过程涉及的红外加热参数

参数	预热实验				
	第一组	第二组	第三组	第四组	第五组
预铺起始温度/℃	300	300	300	300	315
预铺保持温度/℃	320	320	328	328	330
预铺时间间隔/s	5～20	5～20	5～20	3～20	3～20
预铺粉末床层厚/mm	2	2	2	2	3
加工温度/℃	320	320	328	328	330

续表

参数	预热实验				
	第一组	第二组	第三组	第四组	第五组
初始预热时间/min	40~45	60~65	165	165	120
预热过程固定功率加热	—	—	2600W/0.5~2800W/0.5	2600W/0.5~2800W/0.5	2100W/0.6~2300W/0.6
预铺粉过程固定功率加热	—	—	2800W/0.5	3000W/0.5	2500W/0.6
加工过程固定功率加热	—	—	2800W/0.5	4000W/0.5	3800W/0.6~3900W/0.6

4.1.2 成形过程

装备温度控制的准确性与均匀性对于 PEEK 粉末高温激光烧结是至关重要的，它直接影响到成形的成功与否，包括制件前后左右的翘曲、表面熔融与铺粉效果、送粉的促结晶作用等。温度校准分为对预热升温阶段的校准、预铺粉阶段的校准及加工过程温度校准三个部分，其中最重要的是对加工温度附近的温度区间进行校准。而加工温度校准与装备的升温策略关系很大，预热程序不同温度校准也会出现偏差。因此，在4.1.1节预热过程定量化的条件下进行加工温度的校准。校准前需将装备成形腔体内部的测温镜擦拭干净，防止出现温度偏差，装备外部采用手持红外测温仪进行测试，并与装备内探测器测得的温度进行对比。

成形腔体的温度及其校准曲线如图 4-4 所示。由图 4-4 中的曲线变化可知，红外加热功率与加热系数更改后，曲线出现明显的断层。到达预铺粉阶段后，存在明显的温度不连续性，这也是预铺粉末床阶段设置的重要原因。在预铺粉阶段的后期，成形腔体内温度回升逐渐趋于平稳，同时其与手持红外测温仪的温差逐渐稳定，说明此时可以进行加工。经测定，稳定铺粉状态下两者的温差为17℃，并以此为标准进行装备温度校准。在温度校准后，需要进行的是加工温度和送粉温度的确定，这两个温度的确定直接关乎加工的连续性和稳定性。在粉末送至成形腔体并铺展后，粉末床温度会急剧下降并再度回升至加工温度,随后触发激光扫描过程,扫描完成后重复铺粉与激光扫描过程,直至加工结束。为保证这一加工过程的连续性,对粉末床温度的快速回升及送粉温度的控制至关重要。粉末床温度回升的速率直接决定与下层加工的时间间隔,而对送粉温度的控制直接决定已加工层的结晶是否会收缩与翘曲变形。在预热程序测试中,可以发现除在预铺粉过程中需将红外灯管的固定功率提高之外,加工过程仍需进一步提高至3800W/0.6(灯管功率为3800W,加热系数为0.6),以保证粉末床温度的快速回升与加工连续性。因此,后续需确定加工温度和送粉温度。

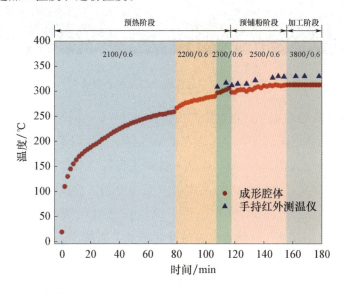

图4-4 整个HT-SLS过程的成形腔体温度记录与校准

根据第3章PEEK 450PF粉末热处理后的热流变化曲线与烧结窗口温度数据,可以在首次成形时将加工温度设定在322℃,送粉温度设定在150℃。实际送粉与铺粉效果较好,但在322℃激光扫描后制件很快就发生轻微翘曲。在不影响铺粉的情况下,可以将温度逐渐提升至328℃,由于翘曲现象逐渐严重,无法进一步铺粉,制件被刮板带走,成形失败。328℃较粉末的起始熔点已高出6℃,但仍无法有效地缓解翘曲现象。由于328℃铺粉仍可有效进行且并未发生结块,在后续实验中可直接将加工温度逐渐提高,发现当温度提高至332℃时PEEK 450PF粉末铺粉已出现明显结块、颗粒及条纹现象(图4-5),无法保证铺粉的平整性。

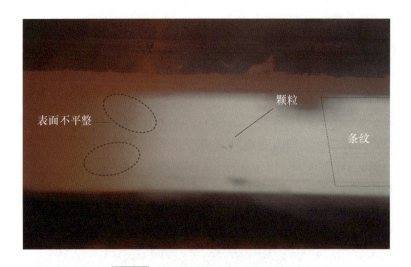

图 4-5　成形过程中加工温度的调试

为保证铺粉的平整性，将加工温度设置在330℃，同时将送粉温度提升至300℃来缓解翘曲现象的发生。因为在送粉过程中，我们发现送至成形腔体内的粉末温度较加工温度低很多，而这一温差是促使已烧结熔体发生结晶收缩的重要因素。因此，必须将送粉温度提升至接近加工温度才可有效缓解翘曲现象的发生。实际上，在300℃条件下的送粉已出现结块的矛盾现象，如图4-6所示，制件不仅在靠近窗口的外侧出现了翘曲，还在左右两侧出现了结块现象。这表明，此时的结块并非由成形腔体加工温度过高导致，而是由送粉温度过高导致。因为本装备为单向送粉双向铺粉，送粉刮板仅在送粉操作时才会触发运动，其长时间的红外辐照导致了送粉缸表面粉末出现结块，从而出现了图4-6中的矛盾现象。在保证制件不翘曲的情况下，需要同时保证粉末良好的高温流动性，因此后续成形实验中送粉温度保持在270℃。

图 4-6　送粉温度过高导致的成形台面铺粉结块

另外，制件外侧的轻微翘曲是由腔内温度的不均匀性导致的，这是因为靠近窗口的制件部分相较于装备内部的散热更快，从而先发生结晶收缩。在后续实验中，我们发现制件左侧易先发生轻微结块，如图4-7(a)所示。因此，对成形腔内4个红外灯管的加热系数进行了调整(图4-7(b))，保证制件长时间加工的稳定性。此外，当制件高度较大、长时间加工时，较高的固定加热功率3800W/0.6也会在加工多层后引起铺粉变差甚至严重结块(图4-8)。此时的加工温度与灯管功率可适当降低，缓解热量积累导致的粉末结块，从而达到相对稳定的加工状态(图4-9)。

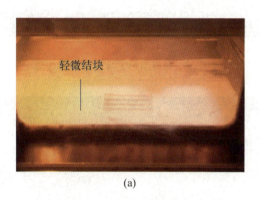

图4-7 加工温度场不均匀性导致的结块现象及调整后的各红外灯管加热功率与加热系数

(a)加工温场不均匀性导致的结块现象；
(b)调整后的各红外灯管加热功率与加热系数。

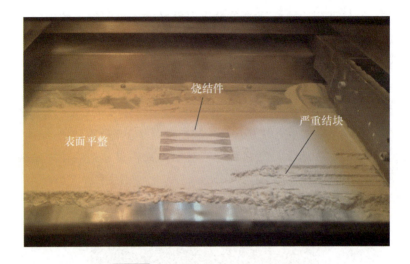

图 4-8　长时间加工导致的严重结块

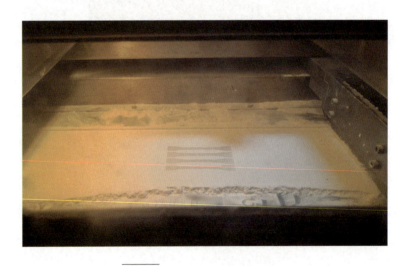

图 4-9　稳定状态下的加工情况

铺粉效果与粉末床回温的配合对于成形过程的连续性和稳定性至关重要：一是要确保送粉的质量包括温度与流动性；二是对固定功率加热的控制，必须在冷铺粉过后使粉末床温度马上回升同时又不至于结块，从而保证良好的铺粉与激光扫描的配合。送粉质量直接决定成形台面的铺粉效果及对已烧结部分的促结晶作用，而过快或过慢的温度回升均会使单层粉末的热量过度积累，导致粉末床表面熔化，成形面下陷或铺粉变差。

4.1.3 降温过程

成形完成时的制件仍处于未完全结晶固化的状态,其与降温的衔接决定制件结晶的情况,必须对制件进行保温或缓慢的降温来确保结晶的质量。若直接停止加工,则成形腔体内温度无法继续保持。如图 4-10 所示,快速的降温一方面会使制件翘曲加重,另一方面会使烧结的制件层间结合力弱出现分层现象。若加工完成后直接进行保温操作,则表面的加工层仍会出现长时间红外辐照导致的表面熔化现象。因此,在实际操作中,必须提高加工高度,将零件埋入粉末床中,进行边铺粉边降温或保温的操作,以此来实现稳定有效的降温保证制件质量。降温过程中的结晶收缩过程主要发生在 200~330℃ 范围内,期间的降温速度、保温温度及保温时间对制件性能具有重要影响,这主要与 PEEK 粉末在整个 HT-SLS 成形加工过程中经历的等温与非等温结晶动力学因素有关,详细研究见第 5 章内容。

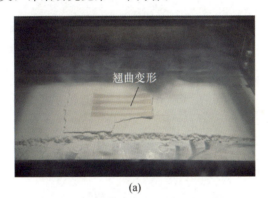

(a)

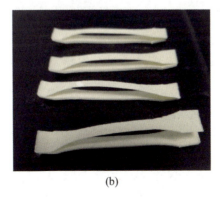

(b)

图 4-10 停止加工后的降温情况及其制件

(a)停止加工后的降温情况;(b)制件。

4.2 激光能量输入对聚醚醚酮力学性能的影响

激光能量密度 E_d 由激光填充功率 P、相同区域下的扫描次数 C、激光扫描间距 S 及激光填充速度 V 四个变量决定。其中，激光能量密度 E_d 与激光填充功率 P 和相同区域下的扫描次数 C 成正比，与激光扫描间距 S 和激光填充速度 V 成反比，可用以下公式表述：

$$E_d = \frac{PC}{SV} \tag{4-1}$$

式(4-1)的表述为激光面能量密度 E_d（J/mm²），如果考虑分层厚度 h（mm），那么式(4-1)可演化为激光体能量密度 E_d^{vol}（J/mm³），如下式所示：

$$E_d^{vol} = \frac{E_d}{h} \tag{4-2}$$

从材料的角度出发，将单位体积粉末熔融所需的能量定义为 E_m，其主要由粉末的表观堆积密度 P_d、熔融焓 ΔH_m、比热容 C_p 及粉末床温度 T_b 与平衡熔点 T_m^0 之差所决定[14]，平衡熔点可由 Hoffman - Weeks 绘图得到，本节根据已有文献报道将 T_m^0 设定为 380.5℃[22]。E_m 的计算可由下式来表述：

$$E_m = [C_p(T_m^0 - T_b) + \Delta H_m]P_d \tag{4-3}$$

因此，粉末材料的能量熔融比 E_{mr} 可由激光体能量密度 E_d^{vol} 与单位体积粉末熔融所需的能量 E_m 之比来表述：

$$E_{mr} = \frac{E_d^{vol}}{E_m} = \frac{PC}{SVh[C_p(T_m^0 - T_b) + \Delta H_m]P_d} \tag{4-4}$$

能量熔融比越高意味着相比于材料理论熔化所需能量，在 HT - SLS 加工过程中需耗费更多的能量才能使粉末发生熔化，但这并不表示粉末材料不发生降解。此外，能量熔融比可用来反求材料发生降解的 HT - SLS 工艺参数。此时的材料降解能量熔融比 E_{mr}^d 计算可由下式进行变形得到。

$$E_{mr}^d = \frac{E_d^{vol}}{E_d} \tag{4-5}$$

$$E_d = [C_p(T_d - T_m^0) + E_A/M_W]P_d \tag{4-6}$$

式中：E_d 为理论上材料降解所需能量；T_d 为材料的起始降解温度；E_A 为材料的降解激发能；M_W 为材料的重均分子量。具体的 PEEK 450PF 粉末性质与能

量熔融比 E_{mr} 计算相关参数列于表 4-2 中。将式(4-1)、式(4-5)和式(4-6)联立,可反求材料发生降解的 HT-SLS 工艺参数。下式所示为材料发生降解的激光功率:

$$P_d = \frac{E_{mr}^d SVh [C_p(T_d - T_m^0) + E_A/M_W] P_d}{C} \quad (4-7)$$

表 4-2 PEEK 450PF 粉末性质与能量熔融比 E_{mr} 计算相关参数

参数	数值
平衡熔点 T_m^0	380.5℃
起始降解温度 T_d	559.97℃[22]
降解激发能 E_A	249.7kJ/mol
重均分子量 M_W	155000g/mol[22]
熔融焓 ΔH_m	58.6J/g
堆积密度 P_d	0.37g/cm³
比热容 C_p	2.2kJ/(kg·℃)
扫描次数 C	1
激光填充速度 V	500~3000mm/s
激光填充间距 S	0.2mm
激光填充功率 P	10~35W
分层厚度 h	0.1~0.2mm
粉末床加工温度 T_b	330℃

注:所引用的材料参数为同种牌号 Victrex PEEK 450PF 相关参数。

在分层厚度及激光填充速度为定值的情况下,本书研究了 PEEK 制件拉伸强度及弹性模量与激光填充功率的影响关系,具体结果和数据如图 4-11 和表 4-3 所示。从整体变化趋势来看,随着激光填充功率的逐渐提升,PEEK 制件的拉伸强度及弹性模量均呈现上升趋势。与此同时,功率的提升使制件强度及模量的误差棒逐渐增大,材料的性能稳定降低。在实际烧结过程中,功率的升高会导致制件表面的颜色逐渐加深。图 4-12 所示为激光功率为 35W 下扫描过后立即拍下的照片,可以发现,在激光扫描后,烧结区域存在明显的分块现象，粉末熔融后来不及流平形成熔膜，需要额外热辐射一段时间，即扫描过后与下次铺粉之间的需间隔一段时间才能使其分块熔模流平并连接。这段间隔时间的设置对于材料性能及稳定性的提升具有重要作用。与此同时，35W 激光扫描过后可以发现明显的烟雾现象，说明此时的 PEEK 材料已出现部分降解。此时的能量熔融比 E_{mr} 为 10.64，即激光的体输入能量是 PEEK 材料理论降解所需能量的 10.64 倍，这与激光作用在材料上的瞬时能量过高及 PEEK 材料的激光吸收率具有较大关系。具体高能量输入情况下 PEEK 材料发生降解的情况在傅里叶变换红外光谱(FT-IR)中进行分析。

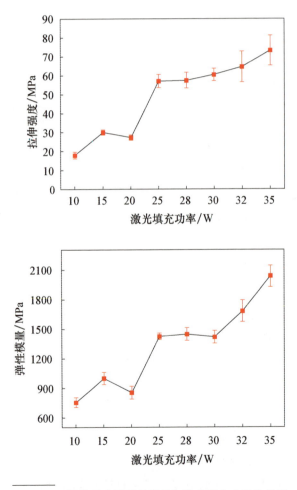

图 4-11 拉伸强度及弹性模量与激光填充功率的关系

（注：层厚为定值 0.2mm，激光填充速度为 2000mm/s。）

表4-3 不同激光填充功率下的能量熔融比、拉伸强度及弹性模量

P/W	E_{mr}	拉伸强度/MPa	弹性模量/MPa
10	3.04	18.14±1.69	757.41±51.75
15	4.56	30.25±1.30	1000.82±60.45
20	6.08	27.54±1.17	857.44±66.15
25	7.60	57.37±3.54	1424.15±32.49
28	8.51	57.69±4.16	1447.24±64.20
30	9.12	60.61±3.19	1418.52±63.63
32	9.73	64.95±8.14	1681.74±108.01
35	10.64	73.62±7.79	2034.33±109.53

注：层厚为0.2mm，激光填充速度为2000mm/s。

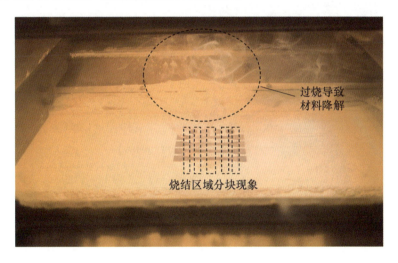

图4-12 能量熔融比为10.64时激光填充功率为35W下PEEK粉末的烧结情况

此外，我们将激光填充功率固定在一个较小值15W，层厚及填充间距为定值，研究激光填充速度对PEEK制件的拉伸强度及弹性模量的影响关系，具体数据列于表4-4中。如图4-13所示，从整体来看，随着激光填充速度的提升，PEEK制件的拉伸强度和弹性模量均呈现下降的趋势。同样，在较低的激光填充速度即较高的激光能量输入下，制件强度的误差棒仍较大，这说明PEEK材料在高激光能量输入的情况下力学稳定性较低。当激光填充速度非常慢(500 mm/s)，即使激光填充功率较低，烧结区域也已经发黑严重。

如图 4-14 所示,PEEK 材料已经发生过度降解,粉末之间无法有效烧结成形。此时的能量熔融比 E_{mr} 为 18.24,即激光的体输入能量是 PEEK 材料理论降解所需能量的 18.24 倍时其发生严重降解。在低功率下单纯降低激光填充速度对制件力学性能的提升有限,15W 的激光填充功率需在非常低的激光填充速度下制件性能才会有较大提升,由此导致加工效率的大幅降低。在后续成形实验中,我们将激光填充功率进一步提升至 30W,在不同的激光填充速度下研究其力学性能的变化。

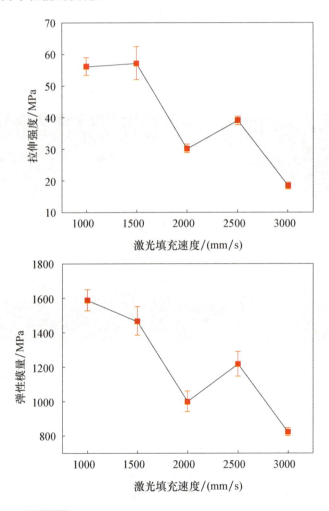

图 4-13 拉伸强度及弹性模量与激光填充速度的关系

(注:层厚为定值 0.2mm,激光填充功率为 15W。)

表 4-4　不同激光填充速度下 PEEK 制件的能量熔融比、拉伸强度及弹性模量

V/(mm/s)	E_{mr}	拉伸强度/MPa	弹性模量/MPa
500	18.24	—	—
1000	9.12	56.14±2.81	1590.16±60.77
1500	6.08	57.14±5.21	1469.54±83.08
2000	4.56	30.25±1.30	1000.82±60.45
2500	3.65	38.99±1.28	1218.04±72.12
3000	3.04	18.54±0.91	823.47±23.25

注：层厚为 0.2mm，激光填充功率为 15W。

图 4-14　激光填充速度 500 mm/s、填充功率 15W 时的制件

在 30W 的激光填充功率下，PEEK 制件的力学性能随激光填充速度的变化规律如图 4-15 所示，具体数据列于表 4-5 中。从整体趋势来看，随着激光填充速度的降低即能量熔融比的升高，PEEK 制件的拉伸强度及弹性模量呈现上下波动的动态平衡，并不具有明显的上升或下降趋势。这说明与低功率不同，在较高的激光填充功率下，填充速度的小幅度改变并不会对力学性能产生太大影响，其已基本进入平台阶段。其中，拉伸强度和弹性模量的最大值均在激光填充速度最快时出现，拉伸强度可达(72.42±3.95)MPa，弹性模量可达(1968.24±69.13)MPa。此时的能量熔融比仅为 6.08，这与前述实验同等能量熔融比下 PEEK 制件的力学性能具有明显区别。这说明即使激光

能量输入相同的情况下，PEEK 材料对激光填充功率与激光填充速度的变化也具有不同的敏感性。此外，可以发现，当层厚较大激光输入能量过大时，烧结区域存在较大的下陷，导致下一层铺粉受到严重影响，无法对上一层的已烧结区域形成平整的铺粉（图 4 - 16），这也是在较大的激光能量输入下 PEEK 制件的力学性能误差棒较大的原因。因此，后续实验中我们将层厚改为 0.1mm，重新制备不同能量密度下的制件并进行性能测试。

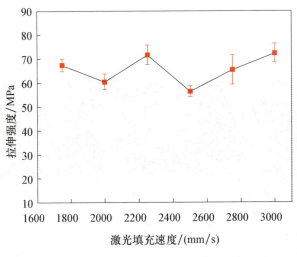

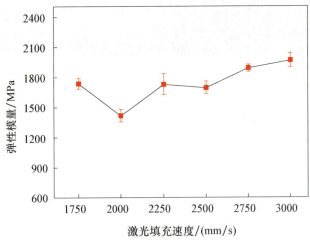

图 4 - 15　拉伸强度及弹性模量与激光填充速度的关系

（注：层厚为定值 0.2mm，激光填充功率为 30W。）

表 4-5　不同激光填充速度下 PEEK 制件的能量熔融比、拉伸强度及弹性模量

V/(mm/s)	E_{mr}	拉伸强度/MPa	弹性模量/MPa
1750	10.42	67.48±2.58	1736.89±55.23
2000	9.12	60.61±3.19	1418.52±63.63
2250	8.10	71.71±4.13	1730.01±104.80
2500	7.29	56.46±2.22	1696.08±62.07
2750	6.63	65.52±6.11	1891.09±35.62
3000	6.08	72.42±3.95	1968.24±69.13

注：层厚为 0.2mm，激光填充功率为 30W。

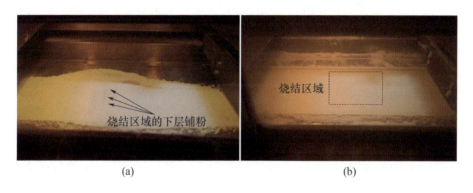

图 4-16　烧结区域的铺粉效果对比

(a)铺粉层厚 0.2mm；(b)铺粉层厚 0.1mm。

图 4-17 所示为层厚降低后，PEEK 制件的力学性能随激光填充功率的变化规律，其具体数据列于表 4-6 中。从图 4-17 中可以看出，在层厚降低后，同样的激光填充功率和激光填充速度下，其激光输入能量更高，拉伸强度与弹性模量曲线在 25W 下就已出现明显的性能下降趋势。此时的能量熔融比为 15.2，较首次能量熔融比 10.64 下的拉伸强度和弹性模量更高，但在实际烧结中并未出现明显的冒烟与降解现象，且铺粉效果较好，性能稳定性更高。因此，从力学性能来讲，能量熔融比对于激光的体能量输入与面能量输入有着不同的意义。层厚越大，能量熔融比越小，但单纯提高激光的面能量输入(提高激光填充功率、降低激光填充速度)对层内性能提升有益，而对层间作用不大。过度提升激光面能量输入反而会引起材料过烧，性能下降。适当地降低层厚可提升能量熔融比，使层间作用增强，也可在较低的激光面能量

输入下达到相同或更高的力学性能,同时保证材料不发生降解。

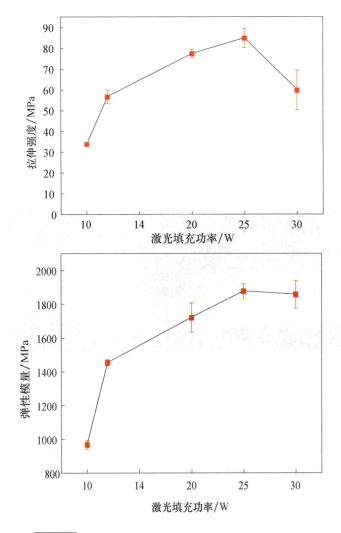

图 4-17 拉伸强度及弹性模量与激光填充功率的关系

(注:层厚为定值 0.1mm,激光填充速度为 2000mm/s。)

表 4-6 不同激光填充功率下的拉能量熔融比、伸强度及弹性模量

P/W	E_{mr}	拉伸强度/MPa	弹性模量/MPa
10	6.08	34.05 ± 1.17	971.26 ± 26.63
15	9.12	56.88 ± 3.26	1457.52 ± 16.77
20	12.16	77.69 ± 2.00	1724.15 ± 85.59

续表

P/W	E_{mr}	拉伸强度/MPa	弹性模量/MPa
25	15.20	85.14±4.62	1878.90±43.77
30	18.24	60.05±9.49	1860.22±81.67

注：层厚为0.1mm，激光填充速度为2000mm/s。

图4-18所示为在不同能量熔融比下材料的拉伸强度散点图，并通过GaussAmp函数对其进行非线性拟合。PEEK制件的拉伸强度在能量熔融比E_{mr}为13～16时达到峰值，激光能量输入继续增大则导致材料强度的下降。总体来看，在未经后处理的情况下，E_{mr}为15.20时，PEEK制件的拉伸强度达最高值(85.14±4.62)MPa(图4-19)，此时的弹性模量为(1878.90±43.77)MPa。当能量熔融比E_{mr}为10.64时，PEEK制件的弹性模量达到最大值(2034.33±109.53)MPa，此时制件的拉伸强度为(73.62±7.79)MPa。HT-SLS成形的PEEK制件最高强度已超过国外同行水平。此外，根据PEEK制件的实际应用场景，其力学性能可通过调控具体工艺参数实现拉伸强度在18.14～85.14MPa范围内可调，弹性模量在0.76～2.03GPa范围内可调。图4-20所示为HT-SLS成形的PEEK制件，图(a)、图(b)分别为Gyriod与Diamond极小曲面点阵结构，两者均是直径为5 mm、高为10 mm的圆柱，杆直径为400～500μm。图4-20(c)所示为椎间融合器部分零件。

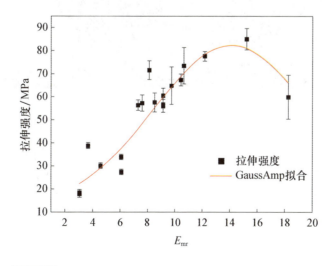

图4-18 拉伸强度与E_{mr}关系散点图及其GaussAmp拟合曲线

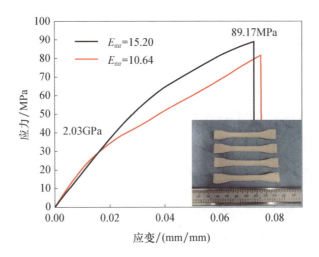

图 4-19 最高拉伸强度与最大弹性模量的应力-应变曲线

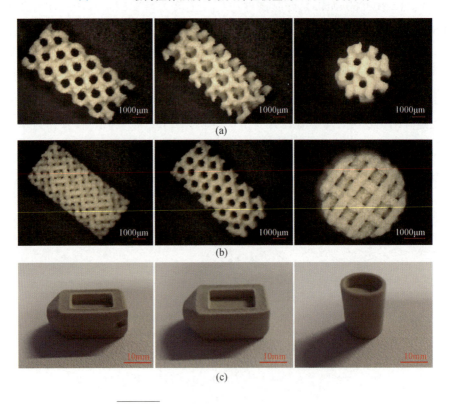

图 4-20 PEEK 高温激光烧结制件示意图
(a) Gyriod 极小曲面点阵结构；(b) Diamond 极小曲面点阵结构；
(c) 椎间融合器的固定部位及部分组合零件。

4.3 不同能量熔融比下聚醚醚酮材料微观结构的变化

激光能量的输入对 PEEK 制件力学性能的影响与其内部的微观结构、晶体结构及分子结构的变化有重要关联。因此，经过高温激光烧结后 PEEK 制件微观结构的变化，不同能量熔融比对其结构的影响，以及建立烧结后 PEEK 制件微观结构与力学性能的关系是本节的主要研究内容。

拉伸实验后，通过扫描电子显微镜对不同 E_{mr} 下制件的断面形貌进行观察，进一步分析其断裂行为。图 4-21(a)、(c) 所示均为能量熔融比 6.08 下成形制件的整体断面形貌。由于分层厚度较大，此时激光输入的能量并不能形成有效的层间穿透，而层内粉末间能够形成明显的烧结颈，其断裂特征具有显著的粉末颗粒拔出现象。当能量熔融比提升至 7.60 时[图 4-21(d)、(f)]，制件下方的层间已逐渐形成有效的结合，但制件上方仍存在小部分层间结合不牢的现象。此时的特征为脆性断裂，表面较为光滑，放大观察其裂纹呈现分叉的河流形态。可分析其在断裂时分叉的支流率先断裂，最终汇聚在一起形成光滑的断裂表面。与此同时，其仍具有烧结颈断裂的形态，以及未烧结的粉末颗粒存在。当进一步升高能量熔融比至 9.12 时，层与层之间已形成牢固的结合，制件的断裂行为发生了部分转变，制件右下方出现小部分韧窝，断面形貌已逐渐高低不平，断裂台阶与韧窝同时存在。当能量熔融比升高至 10.64 时，制件的断裂行为已完全从脆性断裂形式变为具有韧窝的塑性断裂[图 4-21(j)、(l)]，这种塑性变形粗糙表面的形成与材料中内嵌的较大的韧窝和粉末核心有很大关系。这些粉末核心嵌入材料基体中使材料表现为一种微相复合材料，同时可以看出粉末核心有很强的钉扎效应，断裂主要发生在颗粒内，断裂后的颗粒呈现四周高、中间低的放射形花纹状形貌，这也是制件力学性能上升的重要形貌特征。

图 4-22 所示为烧结前后与不同能量熔融比下制件的热分析谱图，相应的热性的数据如表 4-7 所示。从图 4-22(a) 中可以看出，与激光烧结后的制件相比，PEEK 原始粉末显示出更大的单一吸热峰，烧结后制件的熔融吸热峰强度大幅度降低，且峰型变窄，熔程变短，起始熔点向高温方向移动。这表明烧结后熔融重结晶的 PEEK 正交晶相结构更加有序。计算结果显示，相

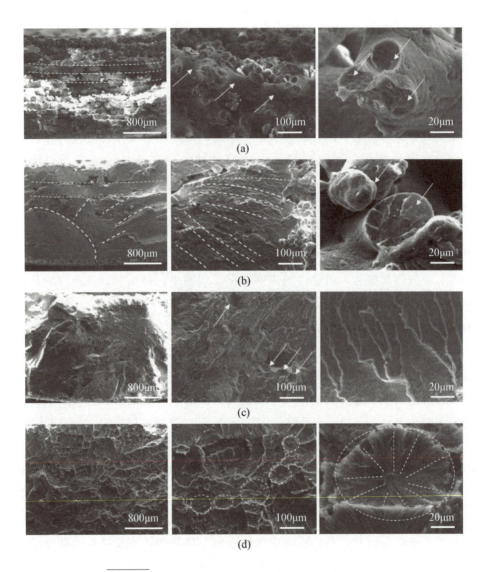

图 4-21　能量熔融比不同时制件的整体拉伸断面形貌
(a)6.08；(b)7.60；(c)9.12；(d)10.64。

比 PEEK 原始粉末，烧结后制件的熔融焓与结晶度大幅降低了 58.73%，即使在能量熔融比为 10.64 时，其结晶度也仅有 10.3%。与传统 PA12 粉末相比，其结晶度为 38%～46%，而 PEEK 粉末的结晶度则低很多，不足 25%。结晶度低一方面可使 PEEK 粉末在较低的填充功率下就可烧结；另一方面其更易引起制件周围粉末的二次烧结，造成制件边界不清晰、表面粗糙度高。此外，与 PA6 不同，经过 HT-SLS 烧结成形后，即使在能量熔融比较低仍有未熔粉末的情况下（图 4-21 中 $E_{mr}=6.08$），PEEK 制件的 DSC 曲线也仍未出现双峰型。这说明激光烧结后熔融重结晶的 PEEK 晶相结构并未发生改变，与文献报道的熔融或溶液诱导结晶形成的双链正交晶相一致。从不同能量熔融比下制件的热分析数据可以看出，激光的输入能量越高，制件的峰值熔点与起始熔点越高，而熔融焓与结晶度却呈现出先降低后增大的趋势。从其微观结构（图 4-21）可以看出，由于在能量熔融比为 6.08 时仍存在大量未熔粉末，其熔融焓仍受低结晶度未熔粉末的影响。随着激光能量输入的增大，粉末熔融程度升高，其重结晶分数也逐渐升高，因此其熔融焓与结晶度也逐渐增大。

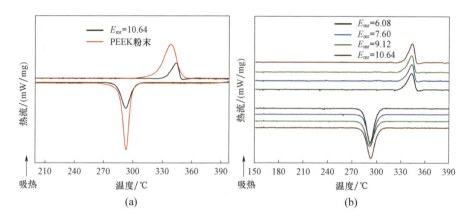

图 4-22 烧结前后与不同能量熔融比下制件的热分析谱图

（a）烧结前后粉末与制件的 DSC 曲线对比；（b）不同能量熔融比下制件的 DSC 曲线。

表 4-7 PEEK 粉末及不同能量熔融比下 HT-SLS 制件的热性能数据

热性能参数	PEEK 粉末	不同 E_{mr} 的 HT-SLS PEEK 制件			
		6.08	7.60	9.12	10.64
峰值熔融温度 T_{peak}^m/℃	338.46	343	343.18	343.35	344.02
熔程 M_r/℃	23.31 (324.76~348.07)	13.69 (334.81~348.5)	11.7 (335.9~347.6)	10.56 (336.57~347.13)	13.23 (334.96~348.19)

续表

热性能参数	PEEK 粉末	不同 E_{mr} 的 HT-SLS PEEK 制件			
		6.08	7.60	9.12	10.64
熔融焓 ΔH_m /(J/g)	32.45	12.56	11.06	11.38	13.39
结晶度 X_c /%	24.96	9.66	8.51	8.75	10.3
起始结晶温度/℃	297.45	298.81	298.82	299.38	300.32
结晶峰值温度 T_{peak} /℃	293.05	292.07	292.25	291.25	292.58
结晶焓 ΔH_c /(J/g)	-39.93	-24.20	-22.61	-25.37	-29.39

此外，我们对原始 PEEK 粉末及不同能量熔融比下的 PEEK 制件进行了 XRD 测试(图 4-23)，从晶体学角度来分析高温激光烧结后 PEEK 材料晶体结构的变化，以及不同能量熔融比对晶体结构的影响。从图 4-23 中可以看出，PEEK 粉末与激光烧结制件的 XRD 曲线主要呈现出 4 个衍射峰，其分别位于 18.7°、20.7°、22.6°和 28.7°，并分别归属于（1 1 0）、（1 1 1）、（2 0 0）、（2 1 1）晶面[41]。通过赤道衍射峰（2 0 0）、（1 1 0）和赤道外衍射峰（1 1 1）建立相应 PEEK 粉末及制件单元晶格的 a 轴、b 轴及 c 轴尺寸，具体晶格常数的数据列于表 4-8 中。已有学者通过 X 射线衍射表征证明了

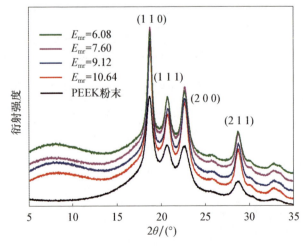

图 4-23 PEEK 粉末及不同能量熔融比下 PEEK 制件的 XRD 曲线

PEEK 材料只存在一种晶体形式,即正交晶相,没有任何多态性,其单元晶胞常数 a 在 0.755～0.788 nm 范围,b 在 0.586～0.594 nm 范围,c 在 0.988～1.007 nm 范围[41]。

本实验中,PEEK 原始粉末及不同激光能量作用后 PEEK 制件的晶格常数变化如图 4-24 所示。可以看出,a、b 两晶格常数相对于 c 变化并不明显。Dawson 和 Blundell 认为,PEEK 材料的 c 值并不是由重复的化学单元产生的,而是由一个醚键和一个酮键或两个醚键连接的两个苯环形成的平面亚单元产生的[25]。从图 4-24 和表 4-8 中可以看出,PEEK 原始粉末沿 c 轴方向晶格尺寸较大,相比于文献[23]值更大(0.988～1.007 nm)。当受到激光作用后,c 轴晶格尺寸大幅度缩减,但随着激光输入能量的进一步升高,c 轴晶格尺寸出现增大的趋势。这表明 PEEK 材料本身具有高扩展程度的苯环平面亚单元,在较低的激光能量输入下,材料并未发生完全熔融,重结晶过程中分子链重排的有序程度较低;而在更高的能量熔融比情况下,材料的熔融程度与重结晶有序度逐渐升高,沿 c 轴方向的苯环平面亚单元变得更加扩展。此外,我们计算了 PEEK 材料及其在不同能量熔融比下相应的晶胞体积变化(表 4-8),其变化趋势与 c 轴晶格尺寸变化一致,即在更高的能量熔融比情况下 PEEK 材料的晶胞体积也相应更大。

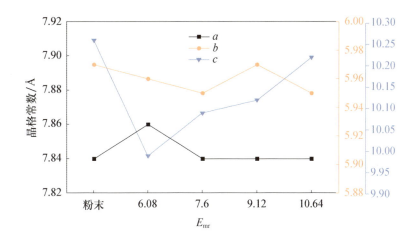

图 4-24 PEEK 原始粉末及不同激光能量作用后 PEEK 制件的晶格常数变化

表 4-8 PEEK 粉末及不同能量熔融比下制件的晶体学数据

类型	E_{mr}	晶面指数 $(h\ k\ l)$	$2\theta/(°)$	晶面间距 /Å	晶格常数/Å			晶胞体积 /Å³
					a 轴	b 轴	c 轴	
PEEK 粉末	—	(1 1 0)	18.65	4.75	7.84	5.97	10.26	480.22
		(1 1 1)	20.57	4.31				
		(2 0 0)	22.66	3.92				
		(2 1 1)	29.02	3.07				
HT-SLS 制件	6.08	(1 1 0)	18.67	4.75	7.86	5.96	9.99	467.99
		(1 1 1)	20.67	4.29				
		(2 0 0)	22.61	3.93				
		(2 1 1)	28.71	3.11				
	7.60	(1 1 0)	18.70	4.74	7.84	5.95	10.09	470.68
		(1 1 1)	20.70	4.29				
		(2 0 0)	22.65	3.92				
		(2 1 1)	28.61	3.12				
	9.12	(1 1 0)	18.68	4.75	7.84	5.97	10.12	473.66
		(1 1 1)	20.66	4.30				
		(2 0 0)	22.64	3.92				
		(2 1 1)	28.73	3.10				
	10.64	(1 1 0)	18.68	4.74	7.84	5.95	10.22	476.74
		(1 1 1)	20.66	4.30				
		(2 0 0)	22.65	3.92				
		(2 1 1)	28.72	3.11				

注：1Å = 0.1nm。

如图4-25所示,在PEEK材料的正交晶胞中,分子链沿 b-c 晶面呈现平面锯齿形构象,当PEEK材料从激光烧结熔体中结晶时,其是在 b 轴沿径向方向形成由狭窄的片晶组成的球晶。

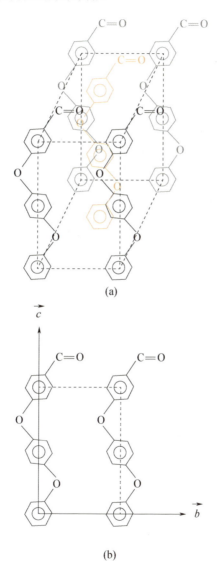

图4-25 PEEK晶胞及(1 0 0)晶面
(a)PEEK晶胞;(b)(1 0 0)晶面。

在分子结构方面，本章对 PEEK 原始粉末及不同能量熔融比下的 PEEK 制件进行了 FT-IR 测试(图 4-26)，分析高温激光烧结后 PEEK 材料在分子结构方面的变化，以及不同能量熔融比对分子结构的影响。对比分析前，位于 1500cm^{-1} 的最强振动吸收峰用于对所有红外图谱的归一化处理。在 C—H 伸缩振动区域[图 4-26(a)]内，3000~3150cm^{-1} 波数范围对应于苯环上的 C—H 伸缩振动，其包含 3 个振动吸收峰。可以看出，PEEK 原始粉末具有强烈的苯环 C—H 伸缩振动。激光烧结后，尤其在较高的能量熔融比下，制件的 FT-IR 曲线出现了两个新的振动吸收峰，位于 2921cm^{-1} 与 2851cm^{-1}，其分别归属于烷烃 CH$_2$ 的非对称伸缩振动峰 ν_{as}(CH$_2$) 和对称伸缩振动峰 ν_s(CH$_2$)。这一现象在 E_{mr}=10.64 时最为明显，这表明在过高的激光能量输入下 PEEK 分子链已经发生了降解，产生了小分子烷烃。该烷烃 CH$_2$ 伸缩振动峰很可能来源于醚键或羰基与相邻 α 碳之间共价键的断裂。在醚键振动区域[图 4-26(b)]，1185cm^{-1} 归属于二芳基醚(C—O—C)的伸缩振动峰，1220cm^{-1} 和 1253cm^{-1} 处的肩缝归属于 PEEK 分子链的 C—O 伸缩振动峰。1220cm^{-1} 和 1185cm^{-1} 强度上的大幅缩减，以及 E_{mr}=10.64 时 1253cm^{-1} 处肩缝的消失表明，PEEK 分子链的降解很可能发生在醚键上而非羰基上，因为 1649cm^{-1} 处的羰基伸缩振动峰并未发生明显变化[图 4-26(c)]。

PEEK 分子链断裂的另一个产物是氢损失形成的苯基自由基，它们可以彼此重新结合形成链间的交联，从而影响制件的结晶度及性能。图 4-26(d) 中，PEEK 原始粉末中位于 835cm^{-1} 的吸收峰与 859cm^{-1} 处的肩缝归属于分子链内 1,4-双取代苯环的 C—H 摇摆振动(2 个氢相邻)。在激光输入能量过大的时候，即 E_{mr}=10.64 时，846cm^{-1} 处出现了新的振动吸收峰，同时位于 859cm^{-1} 的肩峰向高波数移动至 863cm^{-1} 且相对峰强增大。这表明 PEEK 分子链内的部分 1,4-双取代苯很可能已经形成了 1,2,4-三取代苯(孤立氢、2 个氢相邻)，而非 1,2,3-三取代苯(3 个氢相邻)，因为其 C—H 摇摆振动吸收出现在 750~810cm^{-1} 处，与本实验峰位不符。如图 4-27 所示，高激光能量下形成的 1,2,4-三取代苯很可能来源于两相邻苯自由基反应生成的二苯并呋喃或联二苯。这两种产物的形成均需要达到相应的降解温度，即 750℃ 与 650℃，这意味着能量熔融比 E_{mr}=10.64 时的激光作用在 PEEK 粉末上已经产生了大于 650℃ 的能量。

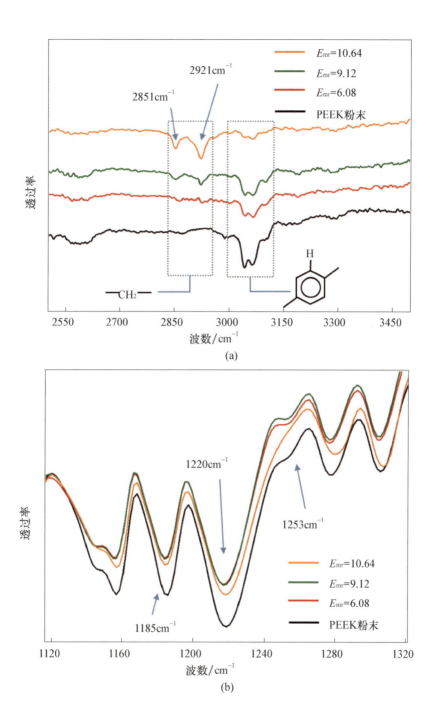

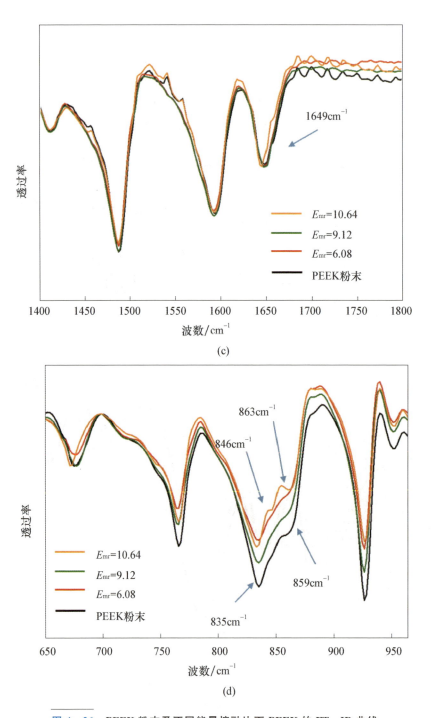

图 4-26　PEEK 粉末及不同能量熔融比下 PEEK 的 FT-IR 曲线

(a)2550～3450cm^{-1}；(b)1120～1320cm^{-1}；(c)1400～1800cm^{-1}；(d)650～950cm^{-1}。

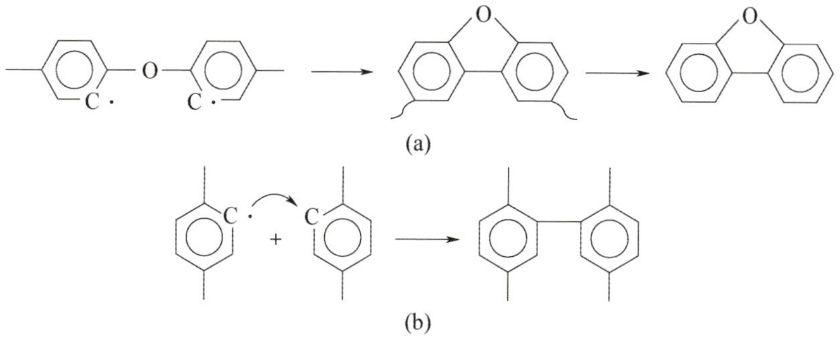

图 4 - 27　相邻苯自由基重组形成的二苯并呋喃及联二苯

(a)二苯并呋喃；(b)联二苯。

第 5 章
聚醚醚酮在高温激光选区烧结中的结晶动力学

HT-SLS 制件的力学性能在很大程度上依赖于结晶质量的控制。如果结晶情况控制不好，即使在较高的激光能量输入下，Z 向强度仍然较差，甚至出现分层现象。粉末床内构件的位置、层厚和放置高度均具有不同的热历史，从而影响冷却结晶的质量，使构件表现出不同的性能。因此，控制结晶质量是影响激光烧结制件性能重现性的一个重要方面。良好的结晶质量不仅可以改善层间的结合，而且可以增加制件 X-Y 方向的拉伸强度。对于制件的晶体质量而言，最重要的是研究 HT-SLS 成形中涉及的结晶过程和结晶动力学控制。然而，与之相关的研究非常有限，特别对于 HT-SLS 成形 PEEK 材料的情况。与注塑成形不同，HT-SLS 的冷却过程非常缓慢，在此过程中 PEEK 分子链有时间进行重排，从而形成更加稳定有序的晶体结构。在实际的 HT-SLS 成形过程中，烧结后的熔体往往处于准等温或动态非等温条件下，这取决于其在粉末床中的位置和埋深。深刻理解 HT-SLS 成形中特有的预热温度和时间对结晶过程与结晶结构的影响对指导成形过程具有重要作用，从而能够制备出性能优异的 HT-SLS 烧结件。因此，本章主要对高温激光选区烧结 PEEK 材料过程中的结晶特点和涉及的等温/非等温结晶行为进行研究，同时研究其对力学性能的影响。

5.1 结晶动力学模型与实验设计

PEEK 粉末的 HT-SLS 成形具体加工参数列于表 5-1 中。

表 5-1 PEEK 粉末的 HT-SLS 加工参数

材料	粉末床加工温度/℃	送粉温度/℃	激光填充功率/W	激光填充速度/(mm/s)	扫描间距/mm	分层层厚/mm
PEEK 粉末	330	270	25	2500	0.2	0.1

HT‑SLS 成形的 PEEK 结晶样品与 DSC 结晶样品的晶体学测试在 X′Pert 3 粉末 X 射线衍射仪上进行,其采用 PIXcel 探测器,连续步进扫描模式,步长为 0.02。数据处理和分析采用 X′Pert-HighScore Plus 3.0.5 软件。所测试的 HT‑SLS 制件具有相同的形状和尺寸,DSC 结晶样品均为 5mg 左右。不同衍射面对应的表观晶粒尺寸通过 Scherrer 方程可以求出:

$$L_{(hkl)} = \frac{K \cdot \lambda}{\beta \cdot \cos\theta} \tag{5-1}$$

式中:θ 为衍射角;λ 为铜靶 K_{a1} 和 K_{a2} 的混合波长(0.1542 nm);$L_{(hkl)}$ 为垂直于(hkl)衍射面的表观晶粒尺寸;K 为 Scherrer 常数,若 β 为衍射峰的半高宽,则 $K=0.89$,若 β 为衍射峰的积分高宽,则 $K=1$。

等温和非等温结晶动力学和热分析测试在 Ar 保护气氛下进行,所用仪器为差示扫描热量仪。测试样品的质量基本相同,约为 5mg。对于定量数据的测定,如结晶起点和终点及熔融焓与结晶,我们对每种材料都进行了 3 次测量并取均值,所使用的软件为 TA Universal Analysis 2000。在等温结晶实验中,结晶度 $X(t)$ 的计算公式为

$$X(t) = \frac{\int_{t_0}^{t} \frac{\mathrm{d}H_c(t)}{\mathrm{d}t} \mathrm{d}t}{\int_{t_0}^{t_\infty} \frac{\mathrm{d}H_c(t)}{\mathrm{d}t} \mathrm{d}t} \tag{5-2}$$

式中:$\frac{\mathrm{d}H_c(t)}{\mathrm{d}t}$ 为热流的变化速率;t_0 和 t_∞ 分别为结晶开始时间与结束时间。

在非等温结晶条件下(冷却或加热速度为 ϕ),结晶时间 t 与结晶温度 T 之间的关系可由下式来表达:

$$t = \frac{|T - T_0|}{\phi} \tag{5-3}$$

等温和非等温结晶的实验过程按如下步骤进行:首先,将 5mg 样品在室温下以 100℃/min 的速度加热至 380℃,并保持 2min 以保证样品完全熔融;其次,在等温结晶过程中,将熔融样品以 50℃/min 的速度冷却至不同的结晶温度 306℃、308℃、310℃、313℃、315℃、319℃、321℃,直至结晶峰完全出现。选择 50℃/min 这样一个快速的冷却速率是为了保证完整结晶峰的出现,这是因为 PEEK 的结晶速率非常快,在未降到等温结晶温度之前就已经开始结晶,导致结晶起始部分的放热峰不完整。在本实验中,尽可能选择与加工温度接近的等温结晶温度,以便有效地理解 HT‑SLS 的加工过程。在这

些结晶温度中，321℃最接近粉末床加工温度 T_b = 331℃。在更高的等温结晶温度下，如 323℃、326℃、330℃，我们同样进行了测试，但其热流信号太弱无法准确辨别结晶的起点与终点(图 5-1)，因此并不参与本章的研究。实际上，随着加工高度的增加，埋入粉末床中的零件深度也逐渐增加，即使在加工阶段，零件高度处的温度也会随着时间的延长而逐渐降低[24]。因此，本实验的等温结晶温度范围相对来说是合适的，也更接近实际的 HT-SLS 成形过程。

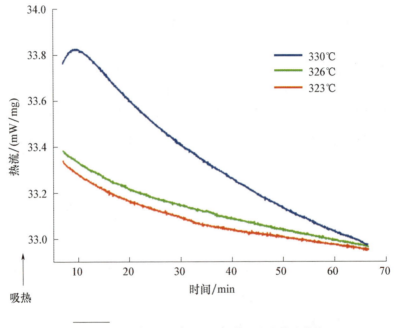

图 5-1　323℃、326℃、330℃等温结晶热流曲线

由于加工阶段一直存在预热操作，粉末床内部的导热系数和热耗散较低，因此可以认为加工阶段是一个准等温的结晶过程。然而，由于实际加工过程中传热的发生，其在 Z 轴高度方向存在一定程度的温度梯度，在冷却阶段的温度梯度随之增高。这是由冷却速率不同导致的，其取决于多种因素，如零件摆放位置、零件 Z 向高度、粉末堆积密度、导热系数和冷却策略等[26-27]。有学者对加工阶段和冷却阶段的降温速率进行了研究。结果表明，粉末床底部区域比顶部区域冷却得更早、更快。从 140℃(底部区域)或更高温度(顶部区域小于 180℃)到 30℃的冷却需要 20min[27]。也有研究表明，冷却过程的平

均降温速率在 0.7℃/min 左右[28]。基于以上研究结果，本实验选择不同的冷却速率(0.5℃/min、1℃/min、2℃/min、4℃/min、8℃/min、16℃/min)进行非等温结晶实验。所有热流数据均记录为温度和时间的函数。

聚合物结晶是一个相变过程，许多研究学者已经提出了相应的相变动力学理论。其中，Avrami 理论较为完善和实用。Avrami 方程可由下述公式来表达：

$$X(t) = 1 - \exp(-kt^n) \tag{5-4}$$

式中：$X(t)$ 为结晶度；k 为结晶速率常数，其与成核和晶体生长参数有关；n 为 Avrami 指数，其由成核机理和晶体生长方式决定；t 为等温结晶时间。

$$\lg\{-\ln[1-X(t)]\} = n\lg t + \lg k \tag{5-5}$$

Avrami 指数 n 和结晶速率常数 k 可由式(5-5)中双对数曲线 $\lg\{-\ln[1-X(t)]\}$ 与 $\lg t$ 的线性拟合获得。拟合直线的斜率表示 Avrami 指数 n，而与纵轴的截距为 $\lg k$。

由于非等温结晶过程需要综合考虑结晶温度、结晶时间、冷却速率等影响因素，结晶过程相对等温结晶过程更为复杂。非等温结晶动力学数据的处理方法很多。通过对 Avrami 方程的扩展，Ozawa 考虑了冷却速率和加热速率的影响，并提出关于成核和晶体生长过程的表达方程[52]。然而，Ozawa 方程不适用于过冷度太大或冷却速率过快的情况[28]。初始晶化阶段和后期晶化阶段的巨大差异会导致 $\lg\{-\ln[1-C(T)]\}$ 与 $\lg \phi$ 之间的线性关系较差，因此线性拟合不准确，无法反映出真实的结晶情况。由于 HT-SLS 过程中的冷却速率并不是一个常数，因此 Ozawa 方程不适用于 HT-SLS 结晶的预测[26]。为此，Nakamura 建立了考虑结晶速率的温度依赖性的模型，其更适用于分析 HT-SLS 涉及的非等温结晶过程。Nakamura 方程的微分形式可以表示为

$$\frac{\partial X(T)}{\partial t} = nK(T)[1-X(T)]\left\{\ln\left[\frac{1}{1-X(T)}\right]\right\}^{\frac{n-1}{n}} \tag{5-6}$$

其积分形式可表示为

$$X(T) = 1 - \exp\left\{-\left[\int_{T_0}^{T} K(T)\frac{\mathrm{d}T}{\phi}\right]^n\right\} \tag{5-7}$$

式中：n 为 Avrami 指数；$K(T)$ 为 Avrami 结晶速率 $k(T)$ 的变形形式。两个结晶速率的关系可表示为

$$K(T) = k(T)^{\frac{1}{n}} = (\ln 2)^{\frac{1}{n}} \left(\frac{1}{t_{1/2}}\right) \tag{5-8}$$

式中：$t_{1/2}$ 为特定等温结晶温度下的半结晶时间，$t_{1/2}$ 的温度依赖性可通过下式来表达：

$$\left(\frac{1}{t_{1/2}}\right) = K_0 \exp\left[\frac{-U}{R(T_c - T_\infty)}\right] \exp\left[\frac{-K_G(T_c + T_0)}{2T_c^2 \Delta T}\right] \tag{5-9}$$

$$U = \frac{C_1 \Delta T_c}{C_2 + T_c - T_g} \tag{5-10}$$

式中：K_0 为指前因子；U 为跨越非晶相边界链段运动的扩散活化能可通过式（5-10）计算得到；T_∞ 为假设温度，低于 T_∞ 则结晶过程停止（$T_\infty = T_g - 30$）；T_g 为玻璃化转变温度；ΔT 为过冷度（$\Delta T = T_m^0 - T_c$），T_m^0 为平衡熔融温度，其可通过 Hoffman-Weeks 作图得到[28]；C_1 和 C_2 均为常数，其数值分别为 17.22kJ/mol、56.1K；K_G 和 K_0 可以通过对 Hoffman – Lauritzen 方程的双对数形式进行线性拟合得到，如式（5-11）所示。

$$\ln\left(\frac{1}{t_{1/2}}\right) + \frac{U}{R(T_c - T_\infty)} = \ln(K_0) - \frac{K_G(T_c + T_m^0)}{2T_c^2 \Delta T} \tag{5-11}$$

Hoffman-Lauritzen 理论反映的是结晶时间 $t_{1/2}$ 与结晶温度 T 之间的关系，其通常用来外推过冷条件下（如注射成形）$t_{1/2}$ 的计算，因为过冷条件下很难对 $t_{1/2}$ 进行测量。然而，在 HT – SLS 过程中，结晶温度（粉末床加工温度 T_b 附近）接近其起始熔点，结晶过程非常缓慢。因此，本节使用 Hoffman – Lauritzen 理论来推断在 T_b 附近高温状态下的 $t_{1/2}$。结晶度的实验值与模型值的相对偏差分析可由下式进行计算：

$$RD_c = \frac{t_{\text{measurement}} - t_{\text{model}}}{t_{\text{measurement}}} \times 100\% \tag{5-12}$$

5.2 高温激光选区烧结涉及的周期性过程与结晶特点

为了最大限度地减小应力引起的零件变形，保证成形精度，粉末床加热在整个 HT – SLS 成形过程中始终存在，包括粉末预铺阶段、加工阶段和后续的冷却阶段。粉末床的预热温度 T_b 及温度场均匀性是决定成形是否成功的关键参数。对于 T_b 而言，其是在材料的初始结晶点 T_{ic} 和初始熔点 T_{im} 之间采用试错法进行测定的,可行的加工温度范围称为烧结窗口温度 S_w。对于 PEEK 而言,其理论烧结窗口温度 S_w 为 297.94~322.56℃,可通过 DSC 的一个加热与冷却循环测得(图 5-2)。然而,理论烧结窗口的宽度与 DSC 测试的加热和冷却速率具有很大关系,实际烧结窗口是小于理论烧结窗口的。这主要是因为 HT-SLS 过程是一个复杂的周期性过程,其涉及动态非等温结晶动力学和准静态等温结晶动力学(图 5-3)。对每一烧结层而言,其都经历 CPC 的促结晶作用和下一层烧结时激光穿透的重复热作用,这与 DSC 的测试条件完全不同。CPC 的促结晶作用对烧结窗口有很大的影响,在 T_b 得不到恢复的情况下快速结晶会直接导致烧结层收缩翘曲,成形无法进行。在这种情况就涉及动态非等温结晶动力学,烧结层的非等温结晶取决于 CPC 涂层的温度。Z 向高度较低的已烧结层(烧结初期),涉及的是准静态的等温结晶动力学,因为能够基本保持粉末床的加工温度(存在一定程度的热耗散),等温结晶时间随着层厚的增加而逐渐延长,直至成形结束。因此,每层的烧结熔体都经历了前半段由 CPC 促结晶作用引起的动态非等温结晶,和下半段加工温度维持期间的准静态等温结晶,以及加工完成后冷却过程的非等温结晶。

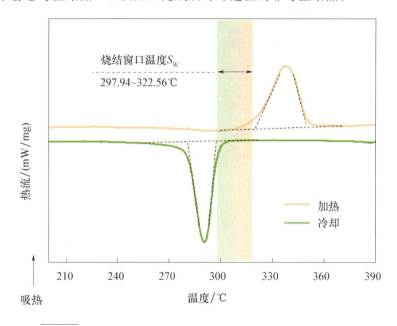

图 5-2 经 DSC 加热和冷却循环测得的 PEEK 粉末的烧结窗口

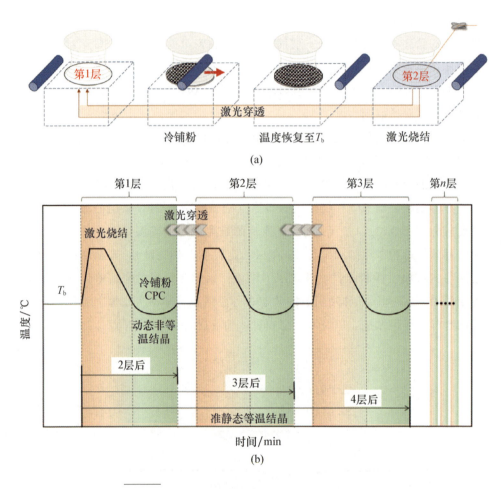

**图 5 - 3　HT - SLS 涉及的周期性单元过程及期间的
动态非等温与准静态等温结晶动力学过程**

(a) HT - SLS 成形涉及的周期性单元过程；
(b) 动态非等温与准静态等温结晶动力学过程。

　　从烧结件的材料组成来分析，其内部实际由等温结晶物质与非等温结晶物质共同组成。结晶方式和结晶时间实际上沿 Z 轴高度方向呈现梯度变化(不考虑 CPC，因为每层都会经历这一过程)。当加工层厚足够大即零件足够高时，底层已有足够时间完成等温结晶，因此可视为等温结晶材料。而最上层实际为非等温结晶材料，因为在最后一层加工结束后即开始冷却过程。对于中间层而言，其前半部分涉及等温结晶(从加工开始到结束)，而后半部分则为非等温结晶。可以看出，HT-SLS 成形所涉及的结晶过程十分复杂，其对于烧结件性能也具有直接影响。因此，下面将采用结晶动力学方法研究 HT-SLS 工艺涉及的等温和非等温结晶过程，以及其对制件性能和晶体结构的影响。

5.3　准静态等温结晶动力学

图 5-4 给出了 PEEK 粉末在不同等温结晶温度下的热流曲线。从图 5-4 中可以看出，随着等温结晶温度的升高，放热峰逐渐延迟，最大热流逐渐减小。同时，整个等温结晶过程需要更长的时间才能完成。这对于 PEEK 粉末的高温激光烧结而言是有利的，因为缓慢的结晶可以减少烧结层的收缩，抑制翘曲，从而保证了烧结件的尺寸精度。此外，可以发现，当温度超过 319℃ 时，热流的绝对值小于 0.05mW/mg，这与 PA12 在其 T_b = 168℃ 下的热流相似[28]。PA12 由于具有较好的粉末流动性、堆积密度及熔融与结晶性质使其非常适用于 SLS 工艺，是目前应用最为广泛和成功的 SLS 材料[30]。因此，PEEK 在 319℃ 与 PA12 类似的等温结晶热流对其高温激光烧结而言是非常合适的。此外，可以发现，当温度达到 321℃ 时，等温结晶的热流达到一个临界点。而在更高温度下，放热信号相对模糊，结晶起始点与终点难以辨别，无法检测，这主要是因为结晶温度的上限在热力学上是由成核势垒来控制的[22]。综上，可以分析出，如果将 PA12 作为基本参考，319℃ 或 321℃ 在理论上可以作为 PEEK 材料 HT-SLS 成形合适的 T_b。然而，实际 HT-SLS 成形过程中 PEEK 材料的 T_b 要比理论 T_b 高 10℃。在本实验装备 HK PK125 上，T_b 设定为 330℃，而在 EOS P800 上 PEEK 材料的 T_b 为 332℃[14]。实际得到的 T_b 比理论 T_b 高的主要原因是 CPC 的促结晶作用对于 HT-SLS 成形起着重要的作用。从图 5-4 和表 5-2 中可以看出，如果因送粉温度过低导致粉末床温度降低至 306℃，结晶放热仅在不到 3min 即可达到最大值，从而导致迅速的结晶收缩和局部翘曲。因此，送粉温度也应保持在较高的水平，以控制激光烧结熔体的结晶速率。

半结晶时间 $t_{1/2}$ 的实验结果可通过式(5-2)的结晶度与时间绘图得到

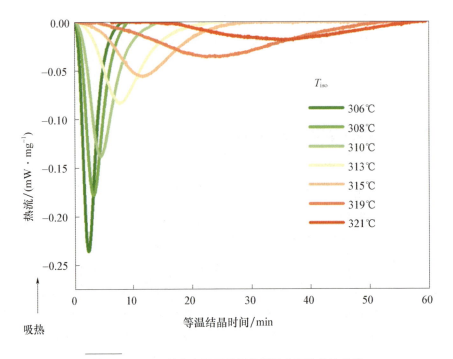

图 5-4　PEEK 粉末在不同等温结晶温度下的热流曲线

[图 5-5(a)]，Avrami 结晶速率 k 和 Avrami 指数 n 可通过双对数曲线 lg$\{-\ln[1-X(t)]\}$ 与 lg$t$ 的线性拟合计算得到[图 5-5(b)]。较好的线性拟合结果（$R^2>0.99$）可以更加真实地反映 HT-SLS 成形涉及的结晶过程，以获得尽可能准确的分析结果。为保证所有的拟合结果 $R^2>0.99$，结晶度的拟合范围限制在 5%～90%。线性拟合结果如图 5-5(b)中的实线所示，由实验数据和 Avrami 模型计算得到的 Avrami 结晶速率常数 k、Avrami 指数 n、半结晶时间 $t_{1/2}$ 列于表 5-1 中。如图 5-5(c)所示，半结晶时间 $t_{1/2}$ 与温度呈显著的正相关性，这意味着随着等温结晶温度的升高，结晶速率逐渐变慢。从图 5-5(a)中 S 形曲线转变速度的降低也可以看出这一点。此外，除 321℃ 等温结晶之外，Avrami 指数均在 2.66～2.96 范围内，不存在明显的温度依赖性。这说明 HT-SLS 烧结熔体的结晶可能发生不规则的混合生长，包括二维层晶和三维球晶，没有明显的双晶化机制[32]。

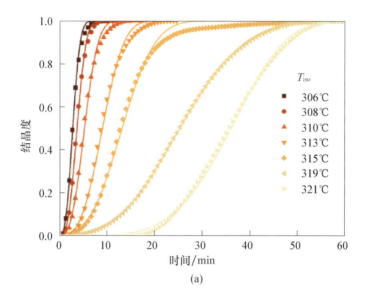

(a)

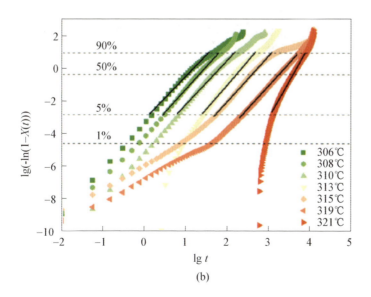

(b)

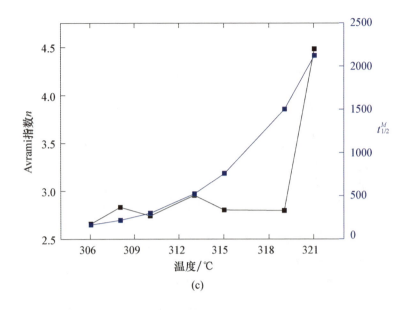

(c)

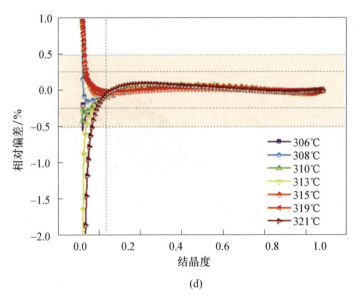

(d)

图 5-5 Avrami 模型预测的等温结晶数据及其分析

(a) 不同等温结晶温度 T_{iso} 下结晶度随时间的变化曲线，及其与 Avrami 模型计算曲线（实线）的对比；(b) $\lg\{-\ln[1-X(t)]\}$ 与 $\lg t$ 散点图及其 5%~90% 结晶度范围内的线性拟合结果（实线）；(c) Avrami 指数 n 与半结晶时间 $t_{1/2}$ 的温度依赖关系；(d) 实验与 Avrami 模型结晶度预测的相对偏差分析。

Avrami 模型预测的等温结晶数据及其与实验数据的偏差分析如图 5-5(a)、(d)所示。由偏差分析可知，Avrami 模型可以较好地预测 PEEK 材料在 HT-SLS 高温成形环境下的等温结晶结果。模型预测的主要偏差集中在低结晶度范围为 0%～10%，相对偏差控制在 -2%～1% 范围内。而在大多数结晶度范围为 10%～100% 时，通过 Avrami 模型可以得到非常准确的预测，偏差在 -0.25%～0.25% 以内。因此，前述 Avrami 模型分析具有较大的实际意义，它可以准确地预测 HT-SLS PEEK 熔体的准静态等温结晶过程。对于 CPC 的促结晶作用和激光烧结后熔体的缓慢冷却过程，下面结合 HT-SLS 实际情况对其涉及的动态非等温结晶过程进行分析。

表 5-2 不同等温结晶温度 T_{iso} 下的动力学参数

T_{iso}/℃	n	k /s^{-1}	R^2	$t_{1/2}^{M}$ /s	$t_{1/2}^{A}$ /s	t_{peak} /s
306	2.66	4.49×10^{-2}	0.9924	161.4	168	140.2
308	2.83	1.69×10^{-2}	0.9958	216.1	222.9	194.4
310	2.74	7.21×10^{-3}	0.9919	304.8	317.4	269.4
313	2.96	1.01×10^{-3}	0.9921	523.2	545.4	471
315	2.81	4.91×10^{-4}	0.9957	767.1	792.6	705
319	2.80	8.09×10^{-5}	0.9997	1509	1523.4	1395.9
321	4.49	7.07×10^{-8}	0.9931	2130.6	2164.0	2170.8

注：t_{peak} 为达到最大热流峰值所需的时间，$t_{1/2}^{A}$ 和 $t_{1/2}^{M}$ 分别为 Avrami 模型的半结晶时间与实验测量值。

5.4 动态非等温结晶动力学

非等温结晶放热曲线与结晶度的演变曲线如图 5-6(a)、(b)所示。对应的结晶焓 ΔH_{nc}、结晶峰温度 T_c^P、半结晶时间 $t_{1/2}^{M}$ 与冷却速率的关系如图 5-6(c)所示，其定量数据如表 5-4 所示。图 5-6(a)中，PEEK 在非等温条件下的结晶放热，即结晶焓比等温结晶的放热要大得多，同时非等温条件下所需的半结晶时间要少得多，这说明激光烧结后 PEEK 熔体对 CPC 的促结晶作用更加敏感。因此，在 HT-SLS 成形过程中，粉末床的预热温度应尽可能保持

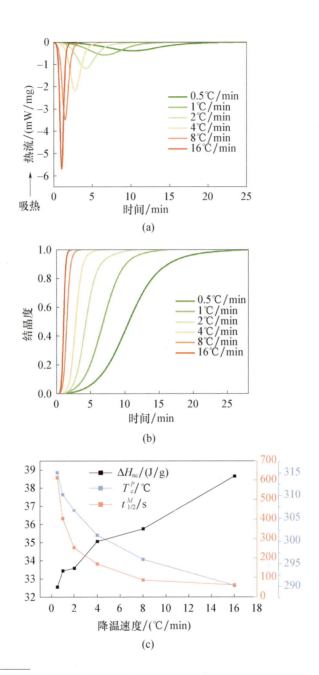

图 5-6 非等温结晶热流曲线与结晶度的演变曲线及结晶焓 ΔH_{nc}、峰值结晶温度 T_c^P、半结晶时间实验值 $t_{1/2}^M$ 与冷却速率的关系

(a) 非等温结晶热流曲线；(b) 结晶度的演变曲线；

(c) 结晶焓 ΔH_{nc}、峰值结晶温度 T_c^P、半结晶时间实验值 $t_{1/2}^M$ 与冷却速率的关系。

恒定，以获得缓慢的结晶过程和较低的放热。另外，可以看出，PEEK 材料在 16℃/min 冷却速率下的热流比 PA12 在 20℃/min 时还要高出 2 倍以上[28]。这从另一个角度说明了 321℃不能作为 PEEK 材料 T_b 的原因，即使其等温热流值与 168℃加工 PA12 时的等温热流值相似。送粉温度和 CPC 促结晶作用的控制是 HT-SLS 成形与否的关键因素；否则，必须提高 T_b 以缓解 CPC 引起的结晶加快和熔体收缩。另外，从图 5-6(c)和图 5-7 中可以看出，冷却速率越慢，结晶峰值温度越高，但结晶起始点的延迟也越大。这是因为较低的冷却速率给 PEEK 链段更多的时间进行重排，所以结晶放热发生在高温阶段。而在快速的冷却条件下，由于 PEEK 分子链的弛豫效应使其来不及跟上温度的变化，因此在更低的温度下结晶。

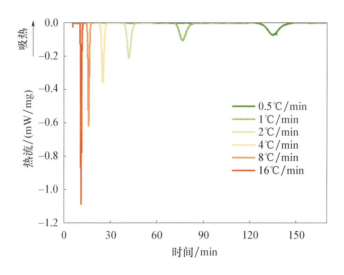

图 5-7 未消除结晶延迟情况下的非等温结晶热流曲线

如前所述，PEEK 等温结晶热流的信号只能在低于临界温度（321℃）时准确测量，而在接近其 T_b 为 330℃的情况下无法进行准确判断。因此，实验得到的结晶速率（半结晶时间 $t_{1/2}$）需外推到更接近实际 HT-SLS 的粉末床加工温度 T_b。为了校准 Nakamura 模型，利用等温结晶实验得到的半结晶时间数据，根据式（5-11）的双对数形式对 K_G 和 K_0 进行拟合和计算。计算用到的 PEEK 平衡熔融温度 T_m^0、玻璃化转变温度 T_g 分别为 380.5℃和 144.8℃，扩散活化能 U 为 2800 J/mol[22]。$\ln(1/t_{1/2}) + U/R(T_c - T_\infty)$ 与 $(T_c + T_m^0)/2T_c^2\Delta T$ 的关系散点图和线性拟合结果如图 5-8 所示。可以看出，由半结晶

时间的实验值 $t_{1/2}^{M}$ 和 Avrami 模型值 $t_{1/2}^{A}$ 得到的数据点均可实现较好的线性拟合（$R^2 = 0.994$，0.993）。基于此，得到的拟合结果用来计算 K_G 和 K_0，其数据列于表 5-3 中。

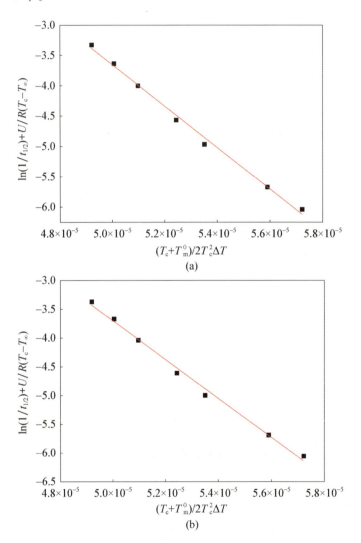

图 5-8 根据 Hoffman-Lauritzen 理论做出的 $\ln(1/t_{1/2}) + U/R(T_c - T_\infty)$ 与 $(T_c + T_m^0)/2T_c^2\Delta T$ 关系散点图及其线性拟合结果（实线）

(a) 数据点来自半结晶时间的实验值 $t_{1/2}^{M}$；

(b) 数据点来自 Avrami 模型值 $t_{1/2}^{A}$。

表 5-3　由半结晶时间的实验值 $t_{1/2}^M$ 和 Avrami 模型值 $t_{1/2}^A$ 数据点计算得到的 K_G 和 K_0 值

参数	$t_{1/2}^M$	$t_{1/2}^A$
K_0/K^2	669027.20	539075.01
K_G/s^{-1}	341393.18	337884.47
R^2	0.994	0.993

通过完善表达的 Hoffman-Lauritzen 公式可将结晶过程外推到更高的温度进行半结晶时间分析，同时 Nakamura 结晶速率 $K(T)$ 可通过式(5-8)进行计算和外推。由图 5-9(a)可以确定，$1/t_{1/2}$ 在 332℃ 左右时已接近零。这意味着在此温度下结晶过程已基本停止，这就是 T_b 设置在此温度附近的原因。当 T_b 为 332℃ 时，烧结熔体的结晶收缩已基本不存在，其收缩仅来源于 CPC 的促结晶作用。从这一方面可以看出 HT-SLS 成形过程中送粉温度控制的重要性。此外，图 5-9(b)中，PEEK 外推的 Nakamura 结晶速率 $K(T)$ 在 250℃ 左右达到最大值，这在理论上给出了送粉温度的最小值。然而，实际的送粉温度比这一值高得多，因为 306℃ 粉末床温度下的 $t_{1/2}^M$ 仅不到 3min，这在 HT-SLS 成形中是绝对不允许发生的。事实上，由于红外辐射加热的持续进行，新铺至熔体表面的粉末会被尽快加热到加工温度 T_b 从而触发激光扫描，否则会导致已烧结熔体的翘曲或粉末床表面熔化。一方面，较高的送粉温度可以降低结晶收缩，从而减弱零件的阶梯效应；另一方面，过高的送粉温度会导致不规则和不均匀的铺粉，导致制件的缺陷增多，性能下降。因此，必须将理论和实践相结合，设置一个平衡的送粉温度，以保证良好的粉末铺展和缓慢的结晶收缩。在本实验中，HT-SLS 过程中独立的送粉温度设置为 270℃，预铺粉末床厚度大于 3mm（大于 30 层）。这种设置主要有以下两个原因：

（1）当设备处于预铺粉阶段后期时，送至粉末床表面的粉末可以迅速恢复到加工温度。如果此时激光扫描得到激发，加工就处于一个相对稳定的状态，不会造成单层加工的延迟，也不会使粉末床表面熔化。

（2）这个预铺粉末床层厚的设置是为了保证与设备底部良好的热阻隔以及底部烧结层较低的散热，以防止制件的翘曲收缩。

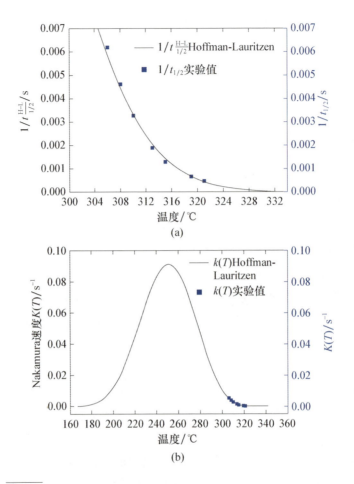

图 5-9　高温情况下的半结晶时间实验值及结晶速率与温度的关系

(a) 根据 Hoffman - Lauritzen 理论外推到高温情况下的半结晶时间($\bar{n}$ = 3.04)；(b) 利用半结晶时间实验值得到的 Nakamura 结晶速率与温度的关系。

图 5-10 所示为非等温结晶度的积分 Nakamura 模型计算值与测量值的比较及其相对偏差。与等温结晶数据的 Avrami 模型相比，积分 Nakamura 模型对于非等温结晶数据的预测偏差相对较大。尽管如此，其相对偏差仍可在 20%~100% 的结晶度范围内控制在 0.5% 以内，在 0%~20% 的结晶度范围内的最大相对偏差低于 5%。因此，积分 Nakamura 模型对于非等温结晶数据的预测可以认为是在一个合理的范围内[32]。另外，在 0%~20% 的起始结晶阶段，较低的冷却速率情况下，积分 Nakamura 模型对实验值的预测略低，

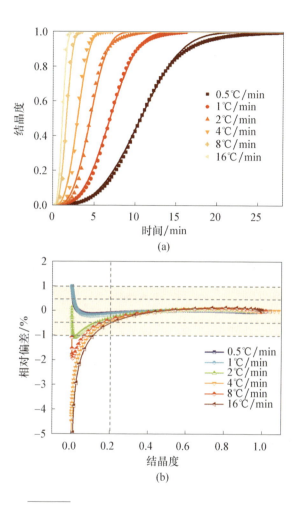

**图 5-10 非等温结晶度的积分 Nakamura 模型
计算值与测量值的比较及其相对偏差**

(a)非等温结晶度的测量值及其与积分 Nakamura 模型计算值(实线)的对比;(b)根据式(5-12)分析不同冷却速率下结晶度的相对偏差。

但当冷却速率大于 2℃/min 时,积分 Nakamura 模型对实验值的预测过高。过度预测主要是积分 Nakamura 模型没有考虑成核的诱导(滞后)时间所导致的[33]。此外,另一个主要原因是源于 HT-SLS 工艺在结晶初期的瞬态特性。由于瞬时激光扫描过后仍存在未熔的粉末核心,烧结熔体中的新晶核很可能在其与未熔粉末核心连接的界面处以一种受限的方式形成,这一因素并没有被考虑在 Nakamura 模型中。总体来说，积分 Nakamura 模型对于非等温结晶的预测偏差控制在 −5%～1% 范围内，主要局限在初始结晶阶段。这表明，该模型对于模拟 HT-SLS 工艺的 CPC 过程和后期的冷却过程具有重要价值。

表 5-4 PEEK 粉末不同冷却速率下的非等温结晶动力学参数

冷却速率 /(℃/min)	ΔH_{nc} /(J/g)	T_c^p /℃	$t_{1/2}^M$ /s	$t_{1/2}^N$ /s	t_{peak} /s
0.5	32.57	315.14	634.3	634.02	613.8
1	33.6	310.25	410.0	409.98	405.3
2	33.46	306.89	262.8	262.8	253.6
4	35.09	301.41	173.9	173.9	171.6
8	35.76	296.10	93.7	93.9	89.1
16	38.67	290.32	64.8	64.9	63.5

注：t_{peak} 为达到最大热流峰值所需的时间；$t_{1/2}^M$ 和 $t_{1/2}^N$ 分别为半结晶时间的测量值和 Nakamura 模型的计算值；T_c^p 为不同冷却速率下的结晶温度峰值；ΔH_{nc} 为不同冷却速率下的结晶焓。

5.5 不同动力学结晶条件下的晶体结构和力学分析

为研究等温和非等温结晶动力学对 HT-SLS 制件力学性能的影响，本章通过 HT-SLS 成形制备了不同冷却速率和等温结晶温度的拉伸试样。等温结晶实验选择 330℃、315℃、300℃ 三个不同的保温温度。根据上述章节对等温结晶动力学的分析，所有保温时间设置为 90min，确保整个结晶放热过程的完成。在非等温结晶实验中，选择 0.5℃/min、2℃/min、4℃/min 和 8℃/min 四个等级的冷却速率，样品成形完成后暂停加工并手动设定加工温度来实现对冷却速率的控制。由于手动控制不能达到 8℃/min 的冷却速率，因此采用直接停止加工并自然冷却的方法，并将其记录为 8℃/min（冷却曲线如图 5-11 所示）。等温和非等温结晶 HT-SLS 样品的应力-应变曲线如图 5-11(c)、(f) 所示，其力学数据如表 5-5 所示。

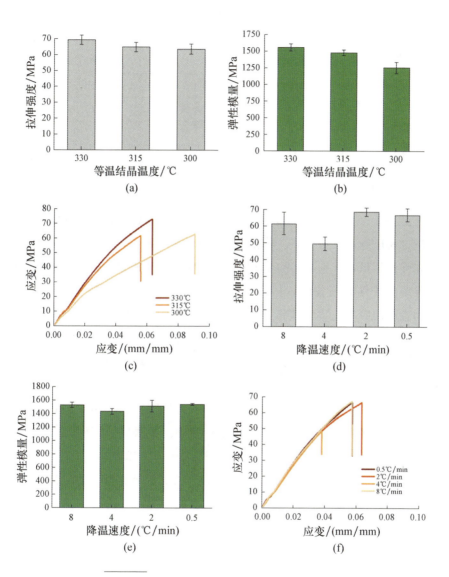

图 5-11 等温 HT-SLS 成形制件的力学性能

(a)拉伸强度；(b)拉伸模量；(c)应力-应变曲线对比；
(d)~(f)相应非等温 HT-SLS 成形制件的性能结果。

表 5-5　等温和非等温结晶 HT-SLS 样品的力学数据

实验条件		拉伸强度/MPa	弹性模量/MPa
等温结晶实验/℃	330	69.42±2.81	1558.44±52.18
	315	64.86±2.82	1481.52±42.14
	300	63.65±3.07	1256.51±83.84
非等温结晶实验/(℃/min)	0.5	66.59±3.84	1544.57±11.44
	2	68.41±2.51	1517.99±85.47
	4	49.45±4.04	1438.59±41.48
	8	61.41±6.68	1535.26±38.72

等温 HT-SLS 实验结果表明，等温结晶温度越高，试样的拉伸强度和弹性模量也相应越高。在 330℃ 等温结晶条件下，HT-SLS 样品达到最大拉伸强度和弹性模量，分别为 (69.42±2.81)MPa 和 (1558.44±52.18)MPa。对于非等温结晶条件下制备的试样，已有研究报道，为了获得较高的机械强度，应采用较高的冷却速率来获得相对较小的晶粒尺寸；相反，为了获得较高的模量，应采用相对较低的冷却速率来形成较大的晶粒尺寸[34]。然而，本研究的实验结果并非如此。针对这一实验结果，我们通过 XRD 进一步从结晶结构的角度分析其力学性能。

图 5-12(c) 和 (d) 所示分别为等温和非等温结晶 HT-SLS 样品的结晶学测试结果，具体晶体学计算数据列于表 5-6 中。如图 5-12 所示，XRD 曲线主要呈现出 4 个衍射峰，其分别位于 18.7°、20.7°、22.6° 和 28.7°。这 4 个衍射峰分别归属于 (１１０)、(１１１)、(２００)、(２１１) 晶面[24]。这一衍射图谱可由沿 b-c 平面呈锯齿状的 PEEK 双链正交晶胞来标定 (图 5-12)。在计算过程中，利用赤道衍射面 (２００)、(１１０) 和赤道外衍射面 (１１１) 建立正交单元晶胞的 a、b、c 晶格尺寸。本研究中，HT-SLS 样品计算的晶格常数略大于报道的 PEEK 单元晶格，报道为 a 轴 7.806~7.962Å、b 轴 5.918~6.074 Å、c 轴 9.994~10.129 Å[1]。这可能与激光扫描的瞬时加热和 HT-SLS 中特定的 CPC 促结晶作用有很大关系。在这种条件下形成了图 5-15 所示特征的分块束状晶形貌，其由片状层晶组成，径向为 b 轴，链方向为 c 轴，c 轴主要由两个醚键连接而成的平面苯环亚单元组成。根据 HT-SLS 非等温动力学实验结果，冷却速率与 c 轴晶格尺寸并非呈线性关系，c 轴晶格尺寸的最

小值出现在4℃/min的情况下。然而，HT-SLS等温结晶结果显示，粉末床加工温度 T_b 的维持能够使 c 轴的平面苯环亚单元更加扩展，同时垂直于（１１０）和（２００）晶面的晶粒尺寸增大（表5-6，图5-13）。

为了保证HT-SLS实验分析的准确性和一致性，这里进行了DSC结晶样品的XRD分析，用于与HT-SLS结晶实验结果进行对比（图5-12）。DSC结晶的步骤与HT-SLS实验相同。当温度高于321℃时，由于DSC结晶信号较弱，本实验设定的DSC等温结晶温度分别为320℃、310℃和300℃。如图5-12所示，总体来说，DSC结晶样品由于含量少，温度控制准确，变化规律更加明显。不同冷却速率下的DSC样品，冷却速率越慢，结晶性越好，XRD强度越高。随着冷却速率的增加，各衍射峰均向小角度偏移，半峰宽（FWHM）变宽，根据Scherrer公式可知其表观晶粒尺寸变小。这与上述非等温结晶动力学分析是一致的，因为更高的冷却速率会导致更快的结晶速率和更短的半结晶时间 $t_{1/2}$。不同温度等温结晶的DSC样品，等温温度越高，结晶性越好，角度偏移并不明显。对于HT-SLS结晶样品，降温比等温对结晶的影响更显著[图5-12(c)、(d)]，不同等温温度的结晶变化不如DSC结晶样品明显[图5-12(a)、(c)]。其原因主要有3个：①由于HT-SLS设备的实际控温不如DSC准确，加之DSC样品量更小，其控温更直接；②最终HT-SLS结晶样品成形后是埋入粉末床中的，因结晶样品与粉末间的热传导受限，只能间接控制结晶样品的温度[35]；③实际HT-SLS样品的每层都会受到CPC的促结晶作用，而在DSC中是不存在的。

由图5-11~图5-15联合分析可知，保温温度越高，结晶性越好，晶粒尺寸越大，强度越高。然而，在非等温条件下，这并非呈现线性关系。冷却速率的降低会导致HT-SLS样品的强度降低，但8℃/min的快速冷却速率反而会导致强度上升。事实上，在等温和非等温实验中，拉伸强度和弹性模量与HT-SLS样品的晶粒尺寸变化一致，而与DSC样品的晶粒尺寸变化不同。这表明，虽然较高的冷却速率理论上会导致晶粒尺寸变小，结晶度降低，但HT-SLS实验与理论之间存在一定的差异。从图5-12(d)也可以看出，随着冷却速率从0.5℃/min增加到4℃/min，所有衍射图谱都表现出向高角度的小幅度偏移，但当冷却速率达到8℃/min时（自然冷却），衍射图谱呈现出向更低角度的大幅度偏移。这一变化也与非等温条件下的拉伸强度一致，但与DSC结晶样品的XRD衍射图谱变化不一致。综上可知，HT-SLS粉末床内部的温度历史、传热可能不满足理论 DSC 的精确控温要求，从而导致与 DSC 样品的不同的局部结晶和性能。

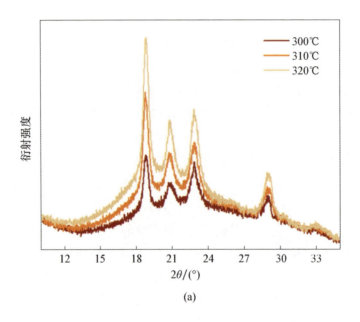

(a)

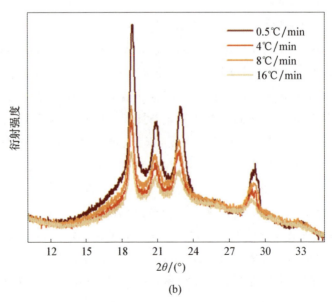

(b)

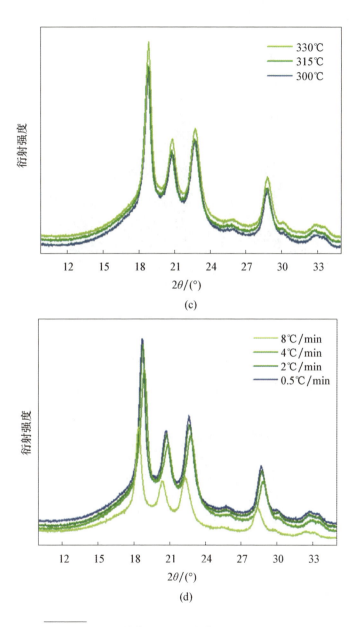

图 5 – 12 DSC 的等温结晶与非等温结晶的 XRD 曲线及相应等温与非等温 HT‐SLS 成形制件的 XRD 曲线。

(a)等温结晶的 XRD 曲线；(b)非等温结晶的 XRD 曲线；
(c)、(d)相应的等温与非等温 HT‐SLS 成形制件的 XRD 曲线。

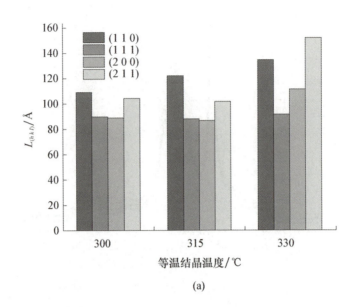

(a)

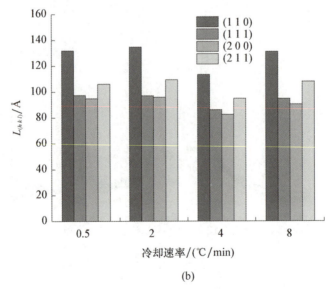

(b)

图 5-13 等温与非等温 HT-SLS 成形制件
垂直于 $(h\,k\,l)$ 晶面方向的晶粒尺寸

(a) 等温；(b) 非等温。

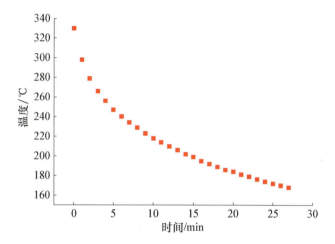

图 5-14 HT-SLS 加工停止后记录的自然冷却曲线

表 5-6 等温与非等温 HT-SLS 结晶样品晶体结构数据

实验条件		晶面	$2\theta/(°)$	FWHM /(°)	晶面间距/Å	$L_{(hkl)}$/Å	晶格常数/Å		
							a	b	c
非等温结晶/(℃/min)	0.5	(1 1 0)	18.65	0.606	4.754	131.558	7.858	5.971	10.032
		(1 1 1)	20.66	0.821	4.296	97.401			
		(2 0 0)	22.61	0.848	3.929	94.607			
		(2 1 1)	28.71	0.767	3.107	105.873			
	2	(1 1 0)	18.69	0.592	4.743	134.677	7.846	5.954	10.046
		(1 1 1)	20.69	0.827	4.289	96.699			
		(2 0 0)	22.65	0.840	3.923	95.514			
		(2 1 1)	28.74	0.743	3.103	109.300			
	4	(1 1 0)	18.80	0.705	4.716	113.108	7.806	5.918	9.994
		(1 1 1)	20.81	0.934	4.265	85.638			
		(2 0 0)	22.76	0.972	3.903	82.559			
		(2 1 1)	28.85	0.856	3.092	94.894			
	8	(1 1 0)	18.36	0.610	4.829	130.641	7.962	6.074	10.129
		(1 1 1)	20.36	0.845	4.359	94.590			
		(2 0 0)	22.32	0.884	3.981	90.708			
		(2 1 1)	28.41	0.751	3.139	108.056			

续表

实验条件	晶面	2θ/(°)	FWHM/(°)	晶面间距/Å	$L_{(hkl)}$/Å	晶格常数/Å		
						a	b	c
等温结晶/℃	300							
	(1 1 0)	18.77	0.729	4.724	109.351	7.824	5.926	10.008
	(1 1 1)	20.77	0.891	4.272	89.786			
	(2 0 0)	22.72	0.902	3.912	88.965			
	(2 1 1)	28.81	0.778	3.096	104.462			
	315							
	(1 1 0)	18.69	0.655	4.744	121.722	7.848	5.955	10.024
	(1 1 1)	20.70	0.907	4.288	88.171			
	(2 0 0)	22.64	0.925	3.924	86.736			
	(2 1 1)	28.70	0.797	3.108	101.885			
	330							
	(1 1 0)	18.77	0.593	4.723	134.465	7.818	5.927	10.030
	(1 1 1)	20.77	0.875	4.273	91.406			
	(2 0 0)	22.73	0.722	3.909	111.140			
	(2 1 1)	28.77	0.534	3.101	152.088			

注：FWHM(full width at half-maximum)指半峰宽；$L_{(hkl)}$ 为垂直于(h k l)晶面的表观晶粒尺寸。

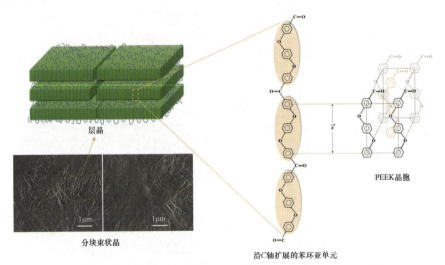

图 5-15　HT-SLS 成形中维持粉末床加工温度 T_b 形成的
分块束状晶及沿 c 轴扩展的苯环亚单元示意图

第 6 章
聚醚醚酮/钽/铌梯度点阵支架的生物力学与骨整合性能

PEEK 材料具有良好的生物相容性，弹性模量与人体皮质骨、松质骨相近，X 射线下不显影等优点，可以作为骨植入体植入人体，目前已在医疗领域取得广泛应用。传统的骨科植入物通常以实心形式存在，这样可以充分保证植入物体的力学强度，但对不同的骨骼易产生应力遮挡，也阻碍了组织液的渗入接触，不利于成骨细胞的黏附生长与骨组织的整合。针对这种情况，本章设计了 Gyroid 三周期极小曲面（triply periodic minimal surface，TPMS）梯度点阵结构来代替实心骨植入体，以结构梯度调节相应的拉伸强度和弹性模量，通过控制激光能量与粉末床参数实现对复杂点阵结构的成形，满足骨科等相关领域对人体骨植入体个性化定制的需求。本章首先研究 PEEK/Ta/Nb 复合材料制作的拉伸性能，通过宏微观表征研究 Ta、Nb 金属对 PEEK 材料制件性能的影响。然后，成形梯度点阵结构，模拟多孔结构压缩时的应力-应变分布，将有限元法与实验相结合，分析点阵结构的断裂机制。最后，进行细胞和动物实验，将支架植入大型动物比格犬体内，根据骨组织的实际生长情况分析复合材料支架的骨诱导、骨再生能力，为后续骨科临床应用打下基础。

6.1 聚醚醚酮/钽/铌复合粉末材料

这里采用的是英国威格斯公司生产的 PEEK 450PF 粉末，如图 6-1(a)所示。该粉末大多呈椭球状，表面光滑，掺杂有不规则小颗粒与碎片。粉末粒径如图 6-1(d)和表 6-1 所示，$D_v(10)$、$D_v(50)$ 和 $D_v(90)$ 分别为 19.3 μm、51.4 μm 和 92.0 μm，符合 SLS 成形材料粉末粒径大小的标准。Ta 粉末和 Nb 粉末由河北省清河县创佳焊接材料有限公司提供，由图 6-1(b)、(c)可知，Ta 粉末呈规则球形形态，表面光滑没有裂痕，平均粒径为 13.1 μm；Nb 粉末则由大小不一、形状不规则的破碎颗粒组成，表面多棱状结构，平均粒径为 23.3 μm。

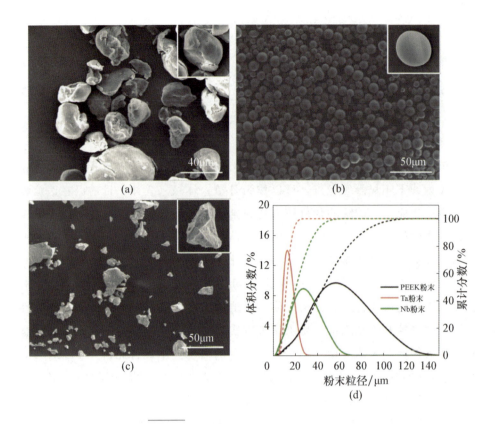

图 6-1 原始粉末微观形貌与粒径分布

(a)PEEK 粉末微观形貌；(b)Ta 粉末微观形貌；
(c)Nb 粉末微观形貌；(d)PEEK、Ta、Nb 粒径分布。

表 6-1 PEEK、Ta 和 Nb 粉末粒径及其分布

粉末类型	$D_v(10)/\mu m$	$D_v(50)/\mu m$	$D_v(90)/\mu m$
PEEK 粉末	19.3	51.4	92.0
Ta 粉末	8.3	13.1	20.1
Nb 粉末	7.74	23.3	43.4

为将原材料混合均匀，通过南京南大仪器有限公司生产的 QM-3SP4 行星式球磨机采用机械混合法制备复合材料。分别取质量分数 5%Ta、5%Nb、5%Ta/5%Nb 与 PEEK 粉末混合放入球磨罐内，制成 5%Ta/PEEK、5%Nb/PEEK、5%Ta/5%Nb/PEEK（后文统一用 PEEK/Ta、PEEK/Nb、PEEK/Ta/Nb 代替）复合材料，以 300r/min 的转速单向球磨 2h，得到复合粉末如

图6-2所示。从图6-2中可以看出，通过这种方法制备的复合粉末分散均匀、无明显团聚现象，可以保障 SLS 成形后 Ta、Nb 粉末均匀地分布在成形件内。

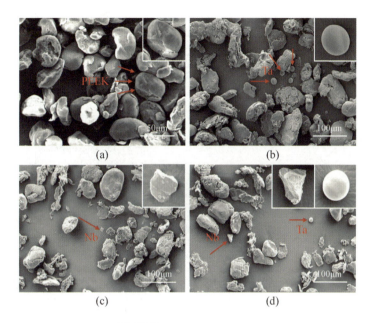

图 6-2　复合粉末 SEM 图
(a)PEEK；(b)PEEK/Ta；(c)PEEK/Nb；(d)PEEK/Ta/Nb。

不同复合粉末热性能变化如图6-3所示，具体数据如表6-2所示。针对激光选区烧结技术，需要保证在制件成形过程中粉末床加工温度保持在一定的温度范围内，以避免激光烧结后的高温熔体与周围粉末床温度梯度过大向周围环境散热快速结晶所导致的零件翘曲变形，这个温度范围也被称为烧结窗口，是由 DSC 曲线中的起始熔融温度与起始结晶温度相减所得到的。通常来讲，一种材料的烧结窗口越大，这种材料的可烧结性和加工的难度越低。然而，从表6-2中可以看出，在 PEEK 粉末中加入 Ta、Nb 金属后，复合材料的烧结窗口较 PEEK 粉末而言均有了不同程度的降低，这可能是因为金属材料的比热容较低，在同样的加热环境下温度升高更快，从而导致粉末床的局部温度过高使得附近粉末熔融，复合材料熔融峰值温度（T_{peak}^m）较 PEEK 的降低也可以证明上述观点，这也意味着复合材料的 SLS 成形对于粉末床加工温度的控制需要更加精确，成形难度也更大。

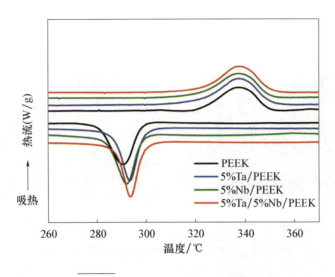

图 6-3 复合粉末 DSC 热分析谱图

表 6-2 不同复合粉末 DSC 热性能数据

热性能参数	PEEK	PEEK/Ta	PEEK/Nb	PEEK/Ta/Nb
熔融峰值 T_{peak}^m/℃	338.46	337.62	337.64	337.98
熔融焓 ΔH_m/(J/g)	32.45	45.25	34.18	38.82
结晶度 X_c/%	24.96	34.8	26.29	29.855
烧结窗口 S_w/℃	27.26	24.66	25.63	24.91
结晶峰值 T_{peak}^c/℃	293.05	293.70	292.39	293.89
结晶焓 ΔH_c/(J/g)	-39.93	-39.59	-42.08	-39.82

6.2 聚醚醚酮/钽/铌制件的拉伸性能与微观结构

为进一步研究在 PEEK 中加入 Ta、Nb 金属对其力学性能的影响，本节将复合材料与纯 PEEK 材料进行对比，分析 Ta、Nb 对其的影响机理，拉伸样件如图 6-4 所示。

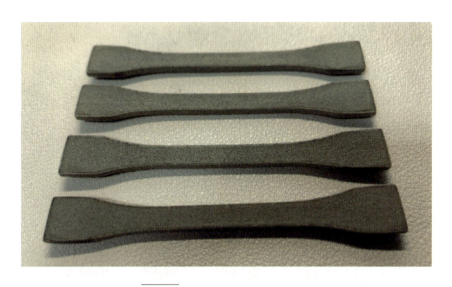

图 6-4　PEEK/Ta 材料拉伸样件

在 PEEK 中加入 Ta、Nb 后材料的拉伸力学性能如图 6-5 所示,具体数据详见表 6-3。从图中可以看出,虽然 4 组实验的力学性能相近,但是在 PEEK 中混入 Ta、Nb 颗粒后,制件的拉伸强度与弹性模量均有不同程度的增加,这也是因为在高分子中加入金属后,改变了零件的晶体结构,由于混入金属的体积比过小,仅在 1% 左右,因此材料拉伸力学性能的提升并不明显。从表 6-4 中可以看出,当加入质量分数 5%Ta 和 5%Ta/5%Nb 后,制件的结晶度均有所提高,然而在只加入质量分数 5% Nb 时,制件结晶度反而降低,这说明 Ta 金属更有利于 PEEK 材料烧结后等温结晶,而 Nb 金属对此则呈相反作用。

表 6-3　不同复合材料拉伸力学性能

实验材料	拉伸强度/MPa	弹性模量/MPa	行程位移/mm
PEEK	69.42±2.81	1558.43±52.18	1.60±0.07
5%Ta/PEEK	70.19±3.82	1663.02±63.47	1.40±0.08
5%Nb/PEEK	70.14±0.65	1612.95±166.87	1.63±0.46
5%Ta/5%Nb/PEEK	70.36±3.20	1726.42±57.42	1.38±0.04

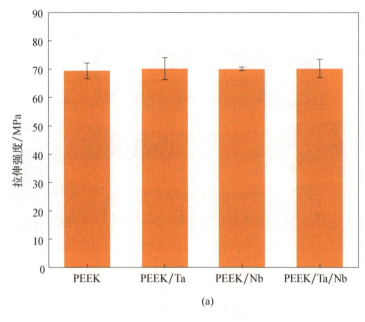

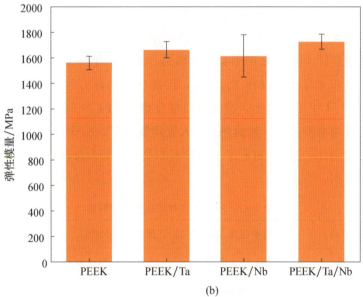

图 6-5　不同复合材料的拉伸力学性能

(a) 拉伸强度；(b) 弹性模量。

在表 6-3 中，4 组实验无论是拉伸强度还是弹性模量均呈现出相同的变化趋势，即 PEEK/Ta/Nb 最高，PEEK/Ta 其次，PEEK/Nb 较低而纯 PEEK 最低。这可能也与 Ta、Nb 颗粒的微观形貌有关，由图 6-6 可知，我们所使用的 Ta 为球形颗粒，而 Nb 为不规则的金属片状，在将复合材料烧结成形后，球形颗粒的 Ta 金属将与 PEEK 牢牢嵌合在一起，在拉伸受力时可以起到稳定的连接作用，而 Nb 金属多数以不规则片状形式存在，在拉伸受力时二者连接处一旦出现缺陷裂纹将沿 Nb 金属的光滑表面滑移，因此 PEEK/Nb 制件的拉伸力学性能与 PEEK/Ta 相比较低。

表 6-4 不同复合材料拉伸零件 DSC 热性能数据

热性能参数	PEEK	PEEK/Ta	PEEK/Nb	PEEK/Ta/Nb
熔融峰值 T_{peak}^m/℃	342.95	343.33	342.57	343.82
熔融焓 ΔH_m/(J/g)	47.72	49.22	45.23	52.897
结晶度 X_c/%	36.7	37.8	34.8	40.7
烧结窗口 S_w/℃	27.05	26.60	26.41	27.84
结晶峰值 T_{peak}^c/℃	296.95	295.76	296.31	295.09
结晶焓 ΔH_c/(J/g)	-43.01	-42.86	-41.48	-42.588

为了研究 Ta、Nb 对制件微观组织的影响，本节通过扫描电子显微镜对制件拉伸断面进行了观察。图 6-6(a)、(b)为 PEEK 制件的断面形貌，其表现出明显的高低台阶断裂形式，并存在未完全烧结的粉末核心内嵌在材料基体中，形成了塑性变形的粗糙表面。在图 6-6(c)、(d)中，Ta 颗粒牢牢镶嵌在 PEEK 基体内部，形成一种稳定的增强相复合材料。裂纹从下方粗糙台阶向上延伸，形成较为光滑的断面，然后呈河流状从四周向外扩展，汇集到巨大气孔处发生断裂。在 PEEK 中加入 Nb 后，台阶效应减弱，裂纹逐渐淡化，从台阶高处向下汇集到一点发生断裂。在图 6-6(g)、(h)中，Ta、Nb 混合加入时，裂纹继续淡化，呈放射状向四周蔓延，形成光滑平整的断口，无明显台阶现象，是典型的脆性断裂，这也解释了 PEEK/Ta/Nb 材料延展性能最差的原因。

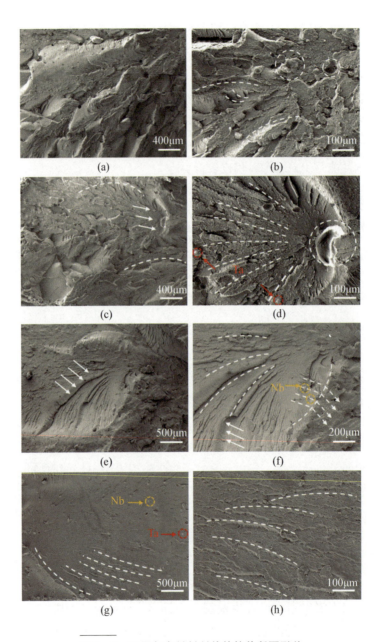

图 6-6 不同复合材料制件的拉伸断面形貌

(a)、(b)PEEK;(c)、(d)PEEK/Ta;(e)、(f)PEEK/Nb;(g)、(h)PEEK/Ta/Nb。

6.3 梯度点阵支架的压缩力学性能

与传统的实心零件相比，点阵结构在满足制件强度的同时在耐冲击、高散热等方面性能更加突出。目前，大多数的点阵结构都是由球形、圆柱、立方体等简单的几何图形运用布尔运算阵列而成的。然而，这种点阵结构在单元连接处不能均匀过渡，通常以急转弯或尖角等形式过渡，在受力时容易产生应力集中，减少了零件的服役时效[36]。为了避免这种点阵结构在力学上的不足，一些研究者陆续在单元连接处使用曲面来代替常规尖角从而避免应力集中现象，最终演变出了三周期极小曲面点阵结构。

极小曲面是在特定的约束条件下满足平均曲率为零且表面积最小的曲面，由极小曲面在三维空间内呈周期性排布所组成的点阵结构称为三周期极小曲面点阵（TNPS）结构。TMPS 结构一方面拥有其他点阵结构质量轻、减振、抗冲击、高能量吸收等特点；另一方面拥有均匀的曲率半径和光滑的曲表面等优异性能[37]，在满足结构基本的力学性能外还拥有良好的仿生能力。Gyroid 结构是 TPMS 点阵结构的一种，与其他 TPMS 结构相比，Gyroid 拥有优异的网格结构及比表面积大等特点，保证细胞液可以拥有良好的流动性和扩散性，这也是细胞实现迁移的首要条件。同时，Gyroid 结构继承了极小曲面均匀过渡的特征，避免了细胞聚集体被一些尖角或转弯所分散隔离，有利于细胞膜的延展，具有良好的骨整合能力[38]。

图 6-7 所示为常规体心立方单元格的几何形状及单胞 TPMS 结构。

图 6-7 常规体心立方单元格的几何形状及单胞 TPMS 结构

（a）常规体心立方单元格的几何形状；（b）单胞 TPMS 结构。

然而，人体不同部位骨骼的强度与模量也大不相同，很难应用一种结构便与所有骨骼相匹配，为了针对骨科病人进行个性化的治疗，人们设计出了一种带有梯度的点阵结构，可以通过调节结构孔隙率的大小来改变制件的力学强度，从而应用于人体各个部位。另外，研究表明，梯度点阵结构与均匀点阵结构相比，拥有更好的能量吸收能力和抗疲劳性能，更加适用于人体复杂多变的受力环境[39]。

由于Gyroid等结构完全由曲面组成，无法通过简易图形进行布尔运算得到，常规的建模软件如Pro/E、UG、SW等不能对其进行参数化建模，因此本节将通过Matlab软件，使用隐函数建模的方式，对Gyroid梯度结构进行设计建模。

首先，对$\phi(x, y, z) = c$三角函数水平集方程(6-1)进行设计，建立单元尺寸和相对密度均一的均匀点阵。

$$\sin X \cos Y + \sin Y \cos Z + \sin Z \cos X = c \quad (6-1)$$

式中：$X = 2\alpha\pi x$；$Y = 2\beta\pi y$；$Z = 2\gamma\pi z$；α、β、γ分别为X、Y、Z方向上与单胞尺寸相关的常数；c为水平集常数。令$c = Az + B$（A，B为常数）便可使点阵沿z轴线性分级，得到相对密度沿z轴变化的梯度结构。得到结构后，编写STL文件输出代码，划分三角面片，便可以导出适用于增材制造的STL文件。本节中结构的孔隙率为80%～90%，沿Z轴方向呈梯度变化，相应CAD模型及烧结制件如图6-8所示。

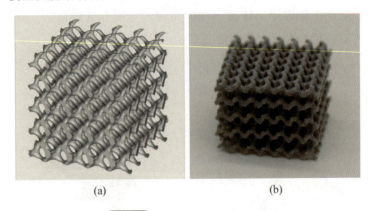

(a) (b)

图6-8 CAD模型及烧结制件

(a)Gyroid结构CAD模型；(b)烧结制件。

图6-9所示为HT-SLS成形的Gyroid结构，制件长、宽均为15mm，

高为 10mm。从①~④分别为 PEEK、PEEK/Ta、PEEK/Nb 及 PEEK/Ta/Nb，根据加入金属的不同，制件表面颜色发生了不同程度的变化，孔隙率沿 Z 轴方向由 80%~90% 呈梯度变化，将结构经超景深放大表面后如图 6-10 所示。从图 6-10 中可以看出，制件表面轮廓清晰，孔隙均匀，无明显次级烧结现象，表明经 HT-SLS 制备的 Gyroid 结构具有较高精度。

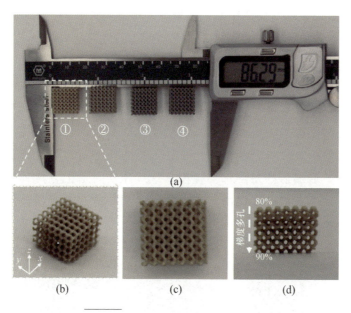

图 6-9　HT-SLS 成形 Gyroid 结构

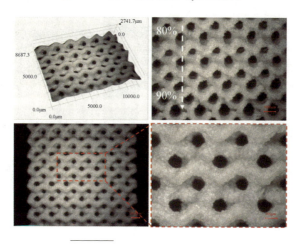

图 6-10　Gyroid 结构表面形貌

为了研究复合材料梯度支架的力学性能,我们对制件进行了单轴压缩实验,压缩速度为每秒钟千分之一高度,本实验为 0.01mm/s。图 6-11 所示为 Gyroid 结构的压缩断裂塌陷图片。从图 6-15 中可以看出,随着上模向下的移动,点阵结构发生了显著的弹塑性变形,在最开始形变时,由于等效应力尚未达到临界值,结构发生了如图 6-13(b)所示的弹性变形,但是在初始阶段最先出现的是一段非线性应变,这是因为样品表面并不平整,与上模板会出现局部接触间隙,在初始压缩时力的分布并不均匀,因此出现了一段非线性应变过程。随着上模继续向下移动,点阵结构便进入了弹性应变阶段,在应变达到 10% 附近时,结构开始出现断裂坍塌,进入到了塑性阶段。从图 6-11 中可以发现,Gyroid 结构的坍塌方式为分层坍塌,在进入塑性阶段时,孔隙率最大的底部最先发生断裂,随后向上逐层坍塌,这是因为孔隙率最大的部位枝杆直径最细,在各层受力相同时最先达到临界值发生断裂。另外,坍塌后的每层都会被模具继续压实,对上方点阵结构继续起着支撑作用,因此随着每层的坍塌结构的应力-应变曲线均会出现先下降再上升的趋势。

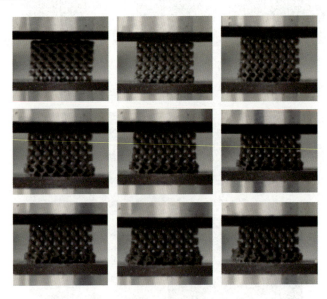

图 6-11 Gyroid 结构的压缩断裂塌陷图片

为了分析结构不同部位的受力情况和裂纹的断裂机制,我们对 Gyroid 结构进行了有限元压缩模拟,使用软件为 DEFORM-3D 商用软件。首先将结构的 CAD 模型导入，其次，赋予结构材料属性，本节使用 Johnson–Cook (JC)作为材料的结构模型。该模型适用于材料的动态响应分析，涵盖了温度变化、等向强化及动力学强化等对结果的影响，具体见下式[40]。

$$\begin{cases} \sigma_s = [A + B(\varepsilon_e)^n](1 + C\ln \dot{\varepsilon}^*)(1 - T^{*m}) \\ \dot{\varepsilon}^* = \dfrac{\dot{\varepsilon}^*}{\dot{\varepsilon}_0} \\ T^* = \dfrac{T - T_0}{T_m - T_0} \end{cases} \quad (6-2)$$

式中：σ_s 为材料的屈服强度；ε_e 为等效塑性应变；T^* 为相应温度参数；T_m 为材料的熔融温度；T_0 为室温；A、B、C、m、n 均为常数，与材料的属性有关，可以在相关文献中查得，具体如表 6-5 所示。

表 6-5　PEEK 的 Johnson–Cook 本构模型参数[41]

参数	A	B	C	m	n	弹性模量/MPa	泊松比
数值	24.5	3.1	0.07	2.32	0.462	25	0.3

图 6-12 所示为 Gyroid 结构有限元模拟示意云图，颜色的变化代表着不同部位应力应变的分布。从图 6-12 中可以发现，当结构受力时，孔隙率最大的上层结构应力最先集中，随着上模板下压，等效应力也逐渐增大，最终达到临界值出现屈服断裂，而这时孔隙率较小的下一层应力才刚刚出现集中，这也解释了图 6-11 中结构压缩时逐层塌陷的原因。另外，对于同一层的单个完整单胞，应力应变的分布和大小几乎相同，均先在斜杆处产生集中，说明这些斜杆便是点阵结构中的支撑单杆，在大变形和剪切应力的作用下最先发生剪切断裂，导致结构在斜杆处呈 45°坍塌，说明了对于 Gyroid 结构，在单元连接处结构可以平滑过渡，不容易产生应力集中现象。

为研究 Gyroid 结构的压缩力学性能，主要对其屈服强度和弹性模量进行了研究，样件的弹性模量可以通过结构压缩实验应力-应变曲线线性部分的斜率进行计算，将该线性部分直线向右偏移 0.2% 个单位后与应力-应变曲线相交的纵坐标即为试件的屈服强度，如图 6-13 所示，具体数据如表 6-6 所示。可以看出，在 PEEK 中加入 Ta、Nb 金属后，材料的力学性能均有了明显提升。其中，加入 Ta、Nb、Ta/Nb 后 PEEK 制件的屈服强度和弹性模量分别增强了 23.5%、6.7%、44.5% 和 14.0%、0.4%、41.4%。

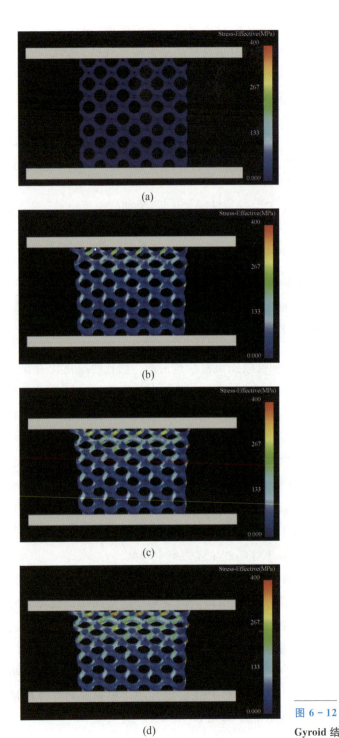

图 6-12 Gyroid 结构有限元模拟示意云图

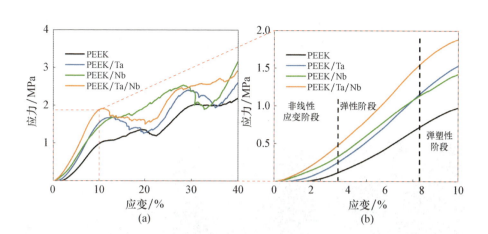

图 6-13 点阵结构应力-应变曲线

(a)整体；(b)局部。

表 6-6 复合材料 Gyroid 结构压缩力学性能

实验材料	屈服强度/MPa	弹性模量/MPa
PEEK	1.19±0.23	18.52±3.02
PEEK/Ta	1.47±0.04	21.11±0.74
PEEK/Nb	1.27±0.09	18.61±1.20
PEEK/Ta/Nb	1.72±0.05	26.19±1.67

由表 6-6 可知，在 PEEK 中同时加入 Ta、Nb 金属对材料力学性能的提升最大，Ta 次之，最后是 Nb，这是因为 Ta、Nb 对 PEEK 的力学性能均有提升，二者都加入的情况下提升效果最好，而 Ta 比 Nb 好的原因之一可能与两种金属的微观形貌有关。Ta 金属呈规则球形，在样品压缩时可以对上层起到一个支撑的作用，避免结构出现坍塌；而 Nb 金属大多为不规则碎裂片状，在压缩时裂纹容易沿 Nb 碎片光滑表面蔓延导致结构出现滑移。因此，从对力学性能提升的方面来看，Ta 与 Nb 相比效果更佳。

为研究 Ta、Nb 对结构起到的支撑作用，对坍塌后的细杆进行了观察，图 6-14(a)~(c)中断口光滑平整，无明显韧窝，是典型的脆性断裂特征，同时可以看到图中存在少数未完全烧结的粉末颗粒，这是因为在加工点阵结构时，为了避免发生次级烧结使孔隙堵塞，我们对加工粉末床进行了冷却，导致部分粉末未完全融化，这也降低了零件的力学性能。从图 6-14(e)中可以发现，Ta 颗粒紧密镶嵌在 PEEK 中，在受力时，尽管出现了如图 6-14(k)所示的裂纹，Ta 颗粒仍然能起到支撑保护的作用，使结构保持较好的完整性，不会使裂纹继续扩大出现坍塌。然而在图 6-14(i)、(l)中的 Nb 颗粒表面光滑，散落在断口外侧，说明裂纹延伸至 Nb 颗粒时将会在其光滑表面继续延伸，导致裂纹扩大结构出现损坏，这也与前文的推测保持一致。

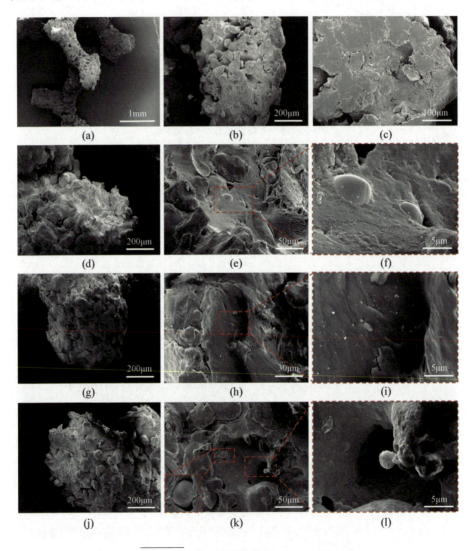

图 6-14　Gyroid 结构断裂后断口形貌

(a)~(c)PEEK；(d)~(f)PEEK/Ta；(g)~(i)PEEK/Nb；(j)~(l)PEEK/Ta/Nb。

6.4 聚醚醚酮/钽/铌复合材料的生物相容性

在 6.3 节中，我们对 PEEK/Ta/Nb 复合材料生物支架的压缩力学性能进行了研究，在进行动物实验前，为了验证材料的细胞毒性和生物相容性，我们对各组材料进行了细胞预试验。

本节采用大鼠骨髓基质细胞(rBMSCs)法来测定材料的体外生物活性，首先在 DMEM-F12 培养基中加入 10%的胎牛血清、1%的青霉素和链霉素抗菌剂，在 37℃下以 120r/min 振荡，一天后收集培养液过滤，将过滤后的溶液作为 PEEK/Ta/Nb 复合材料提取液。然后将 rBMSCs 接种于 48 孔板上，每组接种 3 个，接种密度为 20000 细胞/孔，在 37℃下 5%CO_2 的湿化气氛中重悬于磷酸盐缓冲液（PBS）中进行培养。培养一天和四天后，使用 CCK8 试剂盒进行检测，细胞活性的检测结果为在 450 nm 吸光度酶标仪下的细胞 OD 值（表 6-7），可间接反映活性细胞数量，实验结果如图 6-15 所示。

表 6-7 PEEK/Ta/Nb 复合材料细胞 OD 值

时间	PEEK	PEEK/Ta	PEEK/Nb	PEEK/Ta/Nb
第一天	0.204±0.028	0.214±0.020	0.208±0.021	0.230±0.006
第四天	0.469±0.015	0.503±0.024	0.488±0.031	0.504±0.028

如图 6-15 所示，在细胞培养一天后各组孔板内活性细胞数量便已存在区别，在 PEEK 中加入 Ta、Nb 后细胞 OD 值均有不同程度的提升，说明 Ta、Nb 金属具有良好的生物相容性，可以对细胞的增殖分化起到促进作用。第四天时，4 组实验细胞 OD 值较第一天均有大幅度提升并且差异更加明显，说明各组材料无细胞毒性并且随着时间的增加，PEEK/Ta/Nb 复合材料在诱导细胞增殖分化上具有更明显的优势，生物性能更加突出。然而，我们仔细对比表 6-7 中的数据，发现在 PEEK 中只加入 Nb 时生物相容性虽有提升但幅度不大，没有加入 Ta 明显，说明在成骨分化的潜在优势上 Ta 比 Nb 性能更佳。

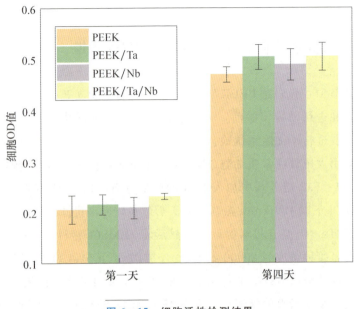

图 6-15　细胞活性检测结果

6.5　聚醚醚酮/钽/铌生物支架的骨整合性能

在进行细胞实验确定各组材料无细胞毒性，且具有良好的生物相容性后，进一步对生物支架展开骨植入研究。本节将以大型动物比格犬为实验对象，制备 Gyroid 结构生物支架并植入，对 PEEK/Ta/Nb 复合材料的骨整合能力进行分析。为了与比格犬骨尺寸吻合，我们制备了如图 6-16(b)~(d) 所示的圆柱形生物支架，尺寸为 Φ5mm×10mm，经酒精和高温高压灭毒后密封包装。

首先挑选 6 只体型相近年龄均为 24 个月的雌性健康比格犬，使用舒泰（Zolitil）注射用麻醉剂进行麻醉，麻醉剂量视比格犬体重而定。待比格犬进入麻醉状态无疼痛反应后备皮、消毒，取左后肢股骨处切口，逐层切开皮肤、皮下组织。待股骨暴露后，将导板导入[图 6-17(e)，每孔间隔 15mm]，使用克氏针沿垂直于股骨干轴线方向对植入位置进行定位，然后将导板和克氏针取出，依次使用直径为 2mm、4mm 和 5mm 的钻头对植入位置进行图 6-17(c) 所示钻孔、扩容，最终形成直径 5mm、深度 10mm 的孔道，在钻孔过程中为防止温度过高对骨组织造成损坏需要对孔道持续浇入生理盐水进行降温。随后将骨沫清理干净,植入支架,从股骨头到股骨远端每组支架间隔10mm,材料依次为1号骨缺损空白组、2号 PEEK、3号 PEEK/Ta、4号 PEEK/Nb 及5号 PEEK/Ta/Nb。支架植入后对手术部位使用碘伏消毒,逐层缝合肌肉、皮下组织及皮肤。待比格犬清醒后细心照顾,使其恢复健康。

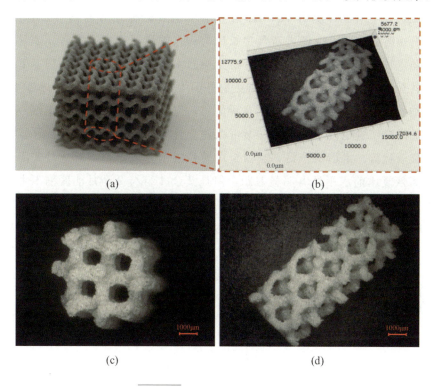

图 6 - 16 Gyroid 结构生物支架

在术后1天(对照组)、1个月、3个月、5个月、7个月、9个月时各将一只比格犬处死,解剖得到左腿股骨,将组织浸泡在4%的多聚甲醛溶液中进行固定。然后将固定后的股骨通过显微 CT 在 20 μm 分辨率下进行扫描,部分生成的图像经三维模型重建后如图 6 - 18 所示。

图 6 - 18 为术后比格犬股骨的扫描结果,最外围的白色圆环是皮质骨,紧贴着皮质骨内侧的是呈絮状结构的松质骨,最内侧黑色区域是骨髓腔。本实验中控制组为空白对照组,未在孔道中添加任何物质,表示生命体在骨缺损状态下自然恢复的结果。由于 PEEK 材料密度接近于水,因此在显微 CT 中无法显微 PEEK 材料的生物支架,其余3组骨髓腔亮光部位即为复合材料

的生物支架。在术后第一天时,各组皮质骨、松质骨均被骨钻钻通,呈骨缺损状态。在第 3 个月,原来骨缺损部位已经出现了不连续的白色显影,意味着比格犬新骨已经开始生长。将 5 组实验进行对比,可以明显发现,从新骨的生长程度来看复合材料明显要优于 PEEK 组与空白组,而这两组的长势相近,区别并不明显,说明 Ta、Nb 在诱导细胞成骨分化方面具有显著作用,在术后短时间内便可以促进新骨生长加快病人的恢复速度。术后 5 个月,各组骨骼生长速度明显加快,加入生物支架的 4 组差距不大,新骨基本生长完全,甚至皮质骨会沿着生物支架继续向外围生长,与正常骨骼相比厚度更大,而未加入支架的空白组新骨虽然有所生长,但长势明显略于其余 4 组,还未能完成闭合,这也说明了生物支架可以诱导骨骼的再生长,在骨整合能力上具有显著优势。术后 7 个月,空白组皮质骨刚刚完成闭合,但是只有薄薄一层,离恢复术前水平还有明显差距,但是其余 4 组与 2 个月前区别不大,说明 2 个月前,这 4 组骨骼已生长完全,恢复至术前水平。综上所述,可以看出 PEEK 及其复合材料具有良好的生物相容性,在植入生命体后可以明显促进新骨生长,诱导细胞成骨分化,使骨骼快速生长。另外,在 PEEK 中加入 Ta、Nb,对于骨骼前期的生长具有显著优势,可以帮助病人快速度过术后虚弱期,在骨科临床应用中具有重要价值。

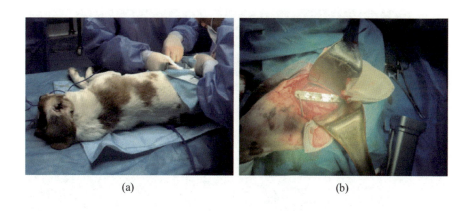

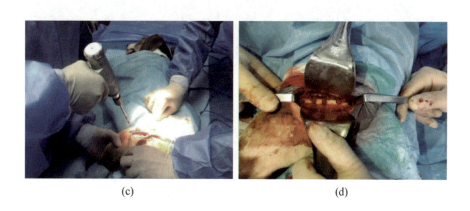

图 6-17 生物支架植入过程、导板及支架植入部位

(a)~(d)生物支架植入过程；(e)导板；(f)支架植入部位。

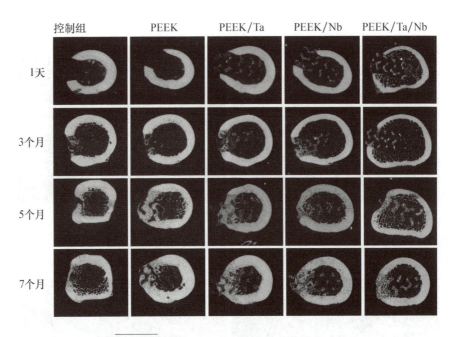

图 6-18　比格犬股骨显微 CT 三维重建结果

参考文献

[1] JIN L,BALL J,BREMNER T,et al. Crystallization behavior and morphological characterization of polyetheretherketone[J]. Polymer,2014,55(20):5255-5265.

[2] KEMMISH D. Update on the Technology and Applications of Polyaryletherketones[M]. Shawbury,Shropshire :iSmithers,a Smithers Group Co. ,2010.

[3] BERRETTA S,EVANS K,GHITA O. Additive manufacture of PEEK cranial implants:Manufacturing considerations versus accuracy and mechanical performance[J]. Materials & Design,2018,139:141-152.

[4] EOS Electro Optical Systems Gmbh. Industrielle 3D-Drucklösungen von EOS Electro Optical Systems.[EB/OL].[2020-10-30]. https://www.eos.info/de.

[5] 3D SYSTEMS Corporation. 3D Printers,Software,Manufacturing & Digital Healthcare_3D Systems[EB/OL].[2020-10-30]. https://www.3dsystems.com/.

[6] Tan K H,Chua C K,Leong K F,et al. Scaffold development using selective laser sintering of polyetheretherketone-hydroxyapatite biocomposite blends [J]. Biomaterials,2003,24(18):3115-3123.

[7] POHLE D,PONADER S,RECHTENWALD T,et al. Processing of Three-Dimensional Laser Sintered Polyetheretherketone Composites and Testing of Osteoblast Proliferation in vitro[J]. Macromolecular Symposia,2007,253(1):65-70.

[8] VON WILMONSKY C,LUTZ R,MEISEL U,et al. In Vivo Evaluation of ß-TCP Containing 3D Laser Sintered Poly(ether ether ketone) Composites in Pigs[J]. Journal of Bioactive and Compatible Polymers,2009,24(2):169-184.

[9] VON WILMOWSKY C,VAIRAKTARIS E,POHLE D,et al. Effects of bioactive glass and β-TCP containing three-dimensional laser sintered polyetheretherketone composites on osteoblasts in vitro[J]. Journal of Biomedical Materials Research Part A,2008,87A(4):896-902.

[10] SCHMIDT M,POHLE D,RECHTENWALD T. Selective Laser Sintering of PEEK [J]. CIRP Annals-Manufacturing Technology,2007,56(1):205-208.

[11] GHITA O R,JAMES E,TRIMBLE R,et al. Physico‑chemical behaviour of Polyetherketone (PEK) in High Temperature Laser Sintering (HT‑LS)[J]. Journal of Materials Processing Technology,2014,214(4):969‑978.

[12] GHITA O,JAMES E,DAVIES R,et al. High Temperature Laser Sintering (HT‑LS):An investigation into mechanical properties and shrinkage characteristics of Polyetherketone (PEK) structures[J]. Materials & Design,2014,61 (Supplement C):124‑132.

[13] BERRETTA S,EVANS K E,GHITA O. Processability of PEEK,a new polymer for High Temperature Laser Sintering (HT‑LS)[J]. European Polymer Journal,2015,68(Supplement C):243‑266.

[14] BERRETTA S,EVANS K E,GHITA O R. Predicting processing parameters in high temperature laser sintering (HT‑LS) from powder properties[J]. Materials & Design,2016,105:301‑314.

[15] BERRETTA S,GHITA O,EVANS K E. Morphology of polymeric powders in Laser Sintering (LS):From Polyamide to new PEEK powders[J]. European Polymer Journal,2014,59(Supplement C):218‑229.

[16] WANG Y,JAMES E,GHITA O R. Glass bead filled Polyetherketone (PEK) composite by high temperature laser sintering (HT‑LS)[J]. Materials & Design,2015,83(Supplement C):545‑551.

[17] ROSKIES M,JORDAN J O,FANG D,et al. Improving PEEK bioactivity for craniofacial reconstruction using a 3D printed scaffold embedded with mesenchymal stem cells[J]. Journal of Biomaterials Applications,2016,31(1):132‑139.

[18] 湖南华曙高科技有限责任公司. 金属3D打印机_尼龙3D打印机_华曙高科官网[EB/OL]. [2020‑10‑30]. http://www.farsoon.com/.

[19] Hexcel Corporation. Hexcel_复合材料与结构[EB/OL]. [2020‑10‑30]. https://www.hexcel.com/.

[20] SALMORIA G V,LEITE J L,VIEIRA L F,et al. Mechanical properties of PA6/PA12 blend specimens prepared by selectivelaser sintering[J]. Polymer Testing,2012,31(3):411‑416.

[21] BERRETTA S. Poly Ether Ether Ketone (PEEK) polymers for High Temperature Laser Sintering (HT‑LS)[D]. Exeter:University of Exeter,2015.

[22] SEO J, GOHN A M, DUBIN O, et al. Isothermal crystallization of poly(ether ether ketone) with different molecular weights over a wide temperature range [J]. POLYMER CRYSTALLIZATION, 2019, 2(1): e10055.

[23] CHEN P, WU H, ZHU W, et al. Investigation into the processability, recyclability and crystalline structure of selective laser sintered Polyamide 6 in comparison with Polyamide 12 [J]. Polymer Testing, 2018, 69: 366-374.

[24] GARDNER K H, HSIAO BS, MATHESON R R, et al. Structure, crystallization and morphology of poly(aryl ether ketone ketone) [J]. Polymer, 1992, 33 (12): 2483-2495.

[25] DAWSON P C, BLUNDELL D J. X-ray data for poly(aryl ether ketones) [J]. Polymer, 1980, 21(5): 577-578.

[26] JOSUPEIT S, SCHMID H-J. Temperature history within laser sintered part cakes and its influence on process quality [M]. Proceedings of the 26rd international solid freeform fabrication symposium. 2012: 190-199.

[27] JOSUPEIT S, SCHMID H-J. Three-dimensional in-process temperature measurement of laser-sintered part cakes [M]. Proceedings of the solid freeform fabrication symposium. 2014: 49-58.

[28] NEUGEBAUER F, PLOSHIKHIN V, AMBROSY J, et al. Isothermal and non-isothermal crystallization kinetics of polyamide 12 used in laser sintering [J]. Journal of Thermal Analysis and Calorimetry, 2016, 124(2): 925-933.

[29] OZAWA T. Kinetics of non-isothermal crystallization [J]. Polymer, 1971, 12 (3): 150-158.

[30] YUAN S, SHEN F, CHUA C K, et al. Polymeric composites for powder-based additive manufacturing: Materials and applications [J]. Progress in Polymer Science, 2019, 91: 141-168.

[31] VELISARIS C N, SEFERIS J C. Crystallization kinetics of polyetheretherketone (peek) matrices [J]. Polymer Engineering & Science, 1986, 26(22): 1574-1581.

[32] ZHAO M, WUDY K, DRUMMER D. Crystallization Kinetics of Polyamide 12 during selective laser sintering [J]. Polymers, 2018, 10(2): 2073-4360.

[33] PATEL R M, SPRUIELL J E. Crystallization kinetics during polymer processing—Analysis of available approaches for process modeling [J]. Polymer Engineering & Science, 1991, 31(10): 730-738.

[34] YANG X,WU Y,WEI K,et al. Non-Isothermal Crystallization Kinetics of Short Glass Fiber Reinforced Poly (Ether Ether Ketone) Composites[J]. Materials,2018,11:2094-2108.

[35] JOSUPEIT S,ORDIA L,SCHMID H-J. Modelling of temperatures and heat flow within laser sintered part cakes[J]. Additive Manufacturing,2016,12:189-196.

[36] REN X,XIAO L,HAO Z. Multi-property cellular material design approach based on the mechanical behaviour analysis of the reinforced lattice structure[J]. Materials & Design,2019,174:107785.

[37] KAPFER S C,HYDE S T,MECKE K,et al. Minimal surface scaffold designs for tissue engineering[J]. Biomaterials,2011,32(29):6875-6882.

[38] RAJAGOPALAN S,ROBB R A. Schwarz meets Schwann:design and fabrication of biomorphic and durataxic tissue engineering scaffolds[J]. Med Image Anal,2006,10(5):693-712.

[39] LI S,ZHAO S,HOU W,et al. Functionally Graded Ti-6Al-4V Meshes with High Strength and Energy Absorption[J]. Advanced Engineering Materials,2016,18(1):34-38.

[40] 庄靖东,黄志高,周华民. 热成型条件下 PEEK 力学行为研究与建模[J]. 塑料工业,2015,43(07):73-77.

[41] 庄靖东. 聚醚醚酮板材热成型性能研究[D]. 武汉:华中科技大学,2015.

[42] LI R,YUAN S,ZHANG W,et al. 3D Printing of Mixed Matrix Films Based on Metal-Organic Frameworks and Thermoplastic Polyamide 12 by Selective Laser Sintering for Water Applications[J]. Acs Applied Materials & Interfaces,2019,11(43):40564-40574.

[43] YUAN S,ZHENG Y,CHUA C K,et al. Electrical and thermal conductivities of MWCNT/polymer composites fabricated by selective laser sintering[J]. Composites Part A:Applied Science and Manufacturing,2018,105:203-213.

[44] BENEDETTI L,BRULÉ B,DECRAEMER N,et al. Evaluation of particle coalescence and its implications in laser sintering[J]. Powder Technology,2019,342:917-928.

[45] WANG Y,ROUHOLAMIN D,DAVIES R,et al. Powder characteristics,microstructure and properties of graphite platelet reinforced Poly Ether Ether

Ketone composites in High Temperature Laser Sintering (HT – LS)[J]. Materials & Design,2015,88(Supplement C):1310 – 1320.

[46] CHEN B,WANG Y,BERRETTA S,et al. Poly Aryl Ether Ketones (PAEKs) and carbon – reinforced PAEK powders for lasersintering[J]. Journal of Materials Science,2017,52(10):6004 – 6019.

[47] SHUAI C,SHUAI C,WU P,et al. Characterization and Bioactivity Evaluation of (Polyetheretherketone/Polyglycolicacid) – Hydroyapatite Scaffolds for Tissue Regeneration[J]. Materials,2016,9(11):934.

[48] SHUAI C,SHUAI C,FENG P,et al. Antibacterial Capability,Physicochemical Properties,and Biocompatibility of $nTiO_2$ Incorporated Polymeric Scaffolds[J]. Polymers,2018,10(3):328.

[49] WAHAB M S,DALGARNO K,COCHRANE R. Processing and properties of PA6/MMT clay nanocomposites produced usingselective laser sintering[C]. Johor,Malaysia:International Conference on Mechanical and Manufacturing Engineering 2008 (ICME 2008),2008.

[50] SALMORIA G V,LEITE J L,PAGGI R A. The microstructural characterization of PA6/PA12 blend specimens fabricated by selective laser sintering[J]. Polymer Testing,2009,28(7):746 – 751.

[51] 胡江波. PA6 粉末多层选区激光烧结应力与变型研究[D]. 合肥:中国科学技术大学,2014.

[52] 张俊,王翔,贾亚龙. 尼龙 6 及改性粉末的激光选区烧结的翘曲变形试验研究[J]. 新技术新工艺,2016,(08):65 – 69.

[53] YAN M X,TIAN X Y,PENG G,et al. High temperature rheological behavior and sintering kinetics of CF/PEEK composites during selectivelaser sintering[J]. Composites Science and Technology,2018,165:140 – 147.

[54] 王联凤,刘延辉. 选择性激光烧结 PA6 样品的力学性能研究[J]. 应用激光,2016,(02):136 – 140.

[55] 罗胜根. 硅灰石对尼龙 6 选区激光烧结成形性的影响[D]. 南昌:南昌航空大学,2011.

[56] 陶磊. 尼龙 6/铜复合粉末选区激光烧结制造塑料模具的研究[D]. 南昌:南昌航空大学,2010.

[57] 徐如涛,张坚. 尼龙 6/铜复合粉末选区激光烧结工艺参数优化及力学性能研究

[J]. 新技术新工艺,2009,(10):69-73.

[58] PATEL P,HULL T R,MCCABE R W,et al. Mechanism of thermal decomposition of polyetheretherketone (PEEK) from a review of decomposition studies[J]. Polymer Degradation and Stability,2010,95(5):709-718.

[59] PATEL K,DOYLE C S,JAMES B J,et al. Valence band XPS and FT-IR evaluation of thermal degradation of HVAF thermally sprayed PEEK coatings [J]. Polymer Degradation and Stability,2010,95(5):792-797.

[60] BOURELL D L,BEAMAN J J,YUAN M,et al. Thermal model and measurements of polymer laser sintering[J]. Rapid Prototyping Journal,2015,21(1):2-13.

[61] AVRAMI M. Kinetics of Phase Change. I General Theory[J]. The Journal of Chemical Physics,1939,7(12):1103-1112.

[62] AVRAMI M. Kinetics of Phase Change. II Transformation-Time Relations for Random Distribution of Nuclei[J]. The Journal of Chemical Physics,1940,8(2):212-224.

[63] AVRAMI M. Granulation,Phase Change,and Microstructure Kinetics of Phase Change. III[J]. The Journal of Chemical Physics,1941,9(2):177-184.

[64] NAKAMURA K,WATANABE T,KATAYAMA K,et al. Some aspects of nonisothermal crystallization of polymers. I. Relationship between crystallization temperature,crystallinity,and cooling conditions[J]. Journal of Applied Polymer Science,1972,16(5):1077-1091.

[65] NAKAMURA K. Some aspects of nonisothermal crystallization of polymers. III.Crystallization during melt spinning[J]. Journal of Applied Polymer Science,1974,18(2):615-623.

[66] NAKAMURA K. Some aspects of nonisothermal crystallization of polymers. II.Consideration of the isokinetic condition[J]. Journal of Applied Polymer Science,1973,17(4):1031-1041.